平原河网地区

地下水脆弱性及污染风险评估

黄沈发　吴建强 / 著

中国环境出版集团 · 北京

图书在版编目（CIP）数据

平原河网地区地下水脆弱性及污染风险评估 / 黄沈发，吴建强著. — 北京 : 中国环境出版集团，2023.10
ISBN 978-7-5111-4948-0

Ⅰ. ①平… Ⅱ. ①黄… ②吴… Ⅲ. ①平原－河网化－地下水污染－污染防治－研究－上海 Ⅳ. ①X523

中国版本图书馆CIP数据核字（2021）第212749号

审图号：沪S〔2023〕079号

出 版 人 武德凯
责任编辑 田 怡
装帧设计 宋 瑞

出版发行 中国环境出版集团
（100062 北京市东城区广渠门内大街16号）
网 址：http://www.cesp.com.cn
电子邮箱：bjgl@cesp.com.cn
联系电话：010-67112765（编辑管理部）
010-67112736
发行热线：010-67125803，010-67113405（传真）
印 刷 北京鑫益晖印刷有限公司
经 销 各地新华书店
版 次 2023年10月第1版
印 次 2023年10月第1次印刷
开 本 787×960 1/16
印 张 11.75
字 数 210千字
定 价 80.00元

编委会

前　言

地下水资源是支撑经济社会可持续发展的重要战略资源，我国地下水资源量约占全国水资源总量的 1/3。据调查，全国地下水资源量多年平均为 8 218 亿 m^3，其中，北方地区（占全国总面积的 64%）地下水资源量为 2 458 亿 m^3，约占全国地下水资源量的 30%；南方地区（占全国总面积的 36%）地下水资源量为 5 760 亿 m^3，约占全国地下水资源量的70%。地下水也是我国饮用水水源的主要组成部分，其供应量占全国总供水量的近 20%。但随着社会经济的发展，地下水环境压力逐渐增大，地下水污染形势日益严峻，局部地区地下水污染问题十分突出。根据对京津冀、长江三角洲、珠江三角洲、淮河流域平原区等地区地下水有机污染的调查，主要城市及近郊地区地下水中普遍检测出微量有毒有机污染物。为有效保护地下水资源和防控地下水污染，2011 年经国务院批复同意，环境保护部发布《全国地下水污染防治规划（2011—2020 年）》，提出要控制地下水污染源、遏制地下水水质恶化趋势，全面建立地下水环境监管体系。2015 年发布实施的《水污染防治行动计划》，也要求全面提升地下水环境监测监管能力，防治地下水污染。2019 年，生态环境部、自然资源部等五部委又联合发布了《地下水污染防治实施方案》，明确提出各省（区、市）要从“强基础、建体系、控风险、保安全”四个方面，坚持“预防为主，综合施策；突出重点，分类指导；问题导向，风险防控；明确责任，循序渐进”的基本原则，加强地下水污染源源头防治和风险管控，保障地下水环境安全。

由于地下含水介质的隐蔽性和埋藏分布的复杂性，地下水污染具有长期性、累积性等特征，一旦受到污染其治理难度大、周期长。地下水的污染主要由地表污染源、土壤层污染物通过渗透、转移等方式进入地下水，由点状、条带状向面状扩散。所以地下水污染防控取决于两个重要的因素，一个是污染源的控制，另一个是浅部地层的防污性能。总体而言，地下水的污染防治工作应重点采取“以防为主、防治结合、防重于治”的防控方针，这是最根本也是最经济有效的地下水环境保护办法。地下水脆弱性及污染风险评估是地下水污染防控工作的基础，美国、加拿大、澳大利亚和欧洲一些国家（地区）重视此项工作，大多从地下水脆弱性、土层防污性能、风险管控等角度出发，制定了专门的地下水污染防控及风险管控策略，以此来指导地区规划、开发及地下水资源、质量的保护工作。长期以来，我国各地地下水保护工作大多集中于地下水资源开采利用及保护、地面沉降及地质灾害防控等方面，而地下水污染防控工作相对滞后，基础较为薄弱，成为制约地下水环境保护、污染防控及管理工作的“瓶颈”。

平原河网地区河网密布、地下水资源丰富，同时也是经济发展迅速、人口密集、城市化程度高的集中区域，长期集中、发达的工农业生产对地下水环境造成较大的压力。上海地处长江三角洲地区，属典型平原河网区域，区域内具有许多含水层组，蕴藏着丰富的地下水资源。然而，上海工业历史悠久、门类齐全，工业化发展过程中对水土环境造成的影响也比较深远。据调查，上海市浅层地下水环境质量总体较差，无Ⅰ、Ⅱ类水，Ⅳ、Ⅴ类水占比达到90%以上，影响水质的主要指标为一般地球化学元素，与上海市滨海成土母质相关；局部区域因受到工农业生产的影响，在地下水中也检测出毒性重金属和有机污染物。同时，上海市地下水环境条件非常脆弱，赋存条件差、补给量大、埋深浅，使得地下水和地表水、土壤等介质联系非常紧密、交换频繁，尤其是浅水含水层地下水环境极易受到大气沉降、土壤、地表水等的影响而遭受污染，且水土污染物耦合明显，地下水一旦受到污染，治理难度相当大。因此，开展地下水脆弱性和污染风险评估工作，识别地下水环境条件的脆弱性和污染风险程度，对于有效管控地下水污染和保护地下水环境具有重要意义。

本书在上海市科学技术委员会科技攻关项目、上海市生态环境局重大科研计划项目等重点项目的资助下，以平原河网地区地下水为对象，系统地梳理了平原河网区域自然地理、河网水系、水文地质及土地利用等特征，调研分析了地下水脆弱性评价、地下水污染风险评价、地下水污染荷载评价等技术方法及研究进展，探索性地提出了适宜于平原河网区域的地下水的脆弱性及污染风险评估方法体系，并以典型平原河网地区上海市为例，开展了案例验证及分析。然而，平原河网地区水文地质和浅部地层条件非常复杂，工农业生产发达、种类繁多，土地利用变化迅速，且地下水、地表水和土壤耦合明显、交换频繁，地下水污染风险影响因素众多，而可供借鉴的平原河网地区地下水的脆弱性和污染风险评估成熟理论和实践经验不多。因此，本书所述内容、方法以及案例实证分析，还需要进一步深入地研究和不断实践，书中难免会存在疏漏之处，恳请广大读者和同人批评指正。

目　录

1

平原河网地区地下水概况

1.1 平原河网地区特征

1.1.1 平原河网地区概述

平原是指地面平坦或起伏较小的一个较大区域，主要分布在大河两岸和濒临海洋的地区，而河网是指分布密集、纵横交错的河道所构成的水系，具有网状河网的平原地区即可称为平原河网地区。

平原河网是一种十分特殊的地貌形态，一般出现在大河的三角洲地区，其形成主要受河口沉积作用的影响，多发于完好的河漫滩，谷坡较平缓，河道比降较小，河床宽浅，绝大多数中小河道流速缓慢，换水周期较长。水动力是平原河网的主要成因，但人类活动大大改变了平原河网的形态，大部分平原河网由于自然条件优越，人类居住历史久远，经历了人类的大规模改造。

平原河网地区通常是城市发达、人口众多的地区，同时又是河流高度发育、湖泊密布的地区。网状河流结构是平原河网地区的典型地理特征，随着城市化程度的提高，河流形态会逐渐从自然型向井型再向干流型结构发展。平原环状河网通常为非封闭多出口系统，河道没有固定的流向，可将骨干河道围合的网状地块作为平原河网地区相对独立的汇水单元。

平原河网具有很高的研究价值，对平原河网的深入研究有利于人们对河网资源进行更加有效的利用，为平原河网地区水土、景观、生物栖息地、污染防治的各项研究提供一定的帮助和指引。

我国的平原河网主要分布在东部地区，这是因为平原的形成均与河流冲积有一定关系，以我国的三大平原为例，东北平原由辽河、松花江和嫩江冲积而成；华北平原由黄河、淮河、海河冲积而成；长江中下游平原由长江冲积而成。我国地势西高东低，河流流向趋势基本为自西向东流，由我国东海岸流出，因此我国的平原河网地区基本位于东部地区，其中东部地区又以南方平原的河网较为密集。一个地区河流的多少，常用河网密度（每平方千米面积河流的总长度）来表示。据统计，我国东部地区的河网密度一般在 0.1 km/km^2 以上，西部内陆地区几乎在 0.1 km/km^2 以下。东部地区南方的河网密度基本在 0.5 km/km^2 以上，其中长江三角洲和珠江三角洲是中国河网密度最大的地区，河网密度都在 2.0 km/km^2 以上，长江三角洲甚至高达 6.7 km/km^2。

1.1.2 平原河网地区河网水系特征

网状河流结构是平原河网地区的典型地理特征，河网可以通过不同的特征来进行分类。用网络特征进行分类，可以将河网分为网状结构和非网状结构；用角度特征进行分类，可以将河网区分为锐角河网和近似直角河网；用河流流向分类，可以将河网分为放射状、方格状、平行状等河网类型；用曲折系数特征分类，可以将河网分为树状河网和环状河网。

由于平原河网地区通常城市化程度较高，经济和农业发达，因此人类活动对水系的水流、水质、水循环等各个方面都有着十分显著的影响。

平原河网地区虽然水资源相对丰富，但由于人口规模大，工农业生产高度发达，污（废）水被大量排入河网，因此面源污染物排放强度大，水体污染严重，用水矛盾突出。另外，由于平原河网地区地势平坦，河流流速较小，泄水能力差、自净能力差，容易造成排水困难、污水聚集等环境和生态问题。

平原河网地区大多是比较单一的平原地形，属于夏季高温多雨、冬季温暖湿润的亚热带季风气候，土壤类型多为水成土（直接受地下水浸润或土层暂时滞水的土壤）或半水成土（在地面积水或土层长期呈水分饱和状态、生长喜湿与耐湿植被条件下形成的土壤），自然景观有较大的相对一致性，但地域差异仍然存在。除此之外，平原河网地区还具有以下几个显著特征：

（1）自然条件优越，社会经济发达。平原河网地区地势平坦、河道纵横交织成网、河流结构复杂、河网高度发育，此外林地植被覆盖广阔、湖泊湿地资源丰富，自然条件优越。水往往孕育区域的文明，也会对区域的社会和经济发展产生较大的影响，因此平原河网地区往往是人口规模大、城市化程度高、产业发展迅速、社会经济发达的地区。

（2）地势低下，易发生洪涝灾害。平原河网一般地势低下，易受洪涝灾害的侵袭。如河口三角洲，还易受风暴潮和台风等多种自然灾害的侵袭。我国的长江、珠江三角洲平原均易受到洪涝灾害的侵袭，以珠江三角洲为例，受洪水和潮灾影响的人口达 1 500 万人，耕地面积达 $6.95 \times 10^5\ hm^2$。美国的密西西比河地区，历史上洪灾也十分严重。有记载的最早一次洪水发生在 1543 年，之后 1849 年、1850 年、1858 年、1882 年、1903 年、1912 年、1913 年、1927 年、1937 年相继发生多次洪灾，特别是 1937 年洪灾造成的经济损失达 4 亿美元。

（3）水系与人类活动交互影响明显。与流域江河水系相比，河网水系与区域间人类活动的交互影响更为明显、更为强烈。一方面，城市的经济、社会活动高度依赖区域水系提供的防洪、防水、排水等功能；另一方面，城市高强度的经济社会活动对水系的水流、水质、水循环等各个方面都有着十分显著的影响，因此平原河网地区水系除了具有防洪排涝、水运交通功能以外，还具有供应水源、提供绿地、保护环境、旅游娱乐、文化教育等各项功能。

（4）水体污染严重，环境问题突出。平原河网地区虽然水资源相对丰富，但由于人口规模大，用水矛盾突出，工农业生产高度发达，各种污（废）水大量排入河网，区域水环境往往难以承受巨大的环境压力，水体污染比较严重，因此"水质性缺水"常常被用于描述该类地区受水质制约的用水紧缺。同时，平原河网地区地势过于平坦，受潮汐顶托作用，河道虽多但流速小，泄水能力低，排水困难。河道水流滞缓，水体自净能力差，更易形成污水积集，从而引发各种环境和生态问题，如生物多样性的破坏、湿地的萎缩、湖泊的富营养化等，已成为影响社会、经济可持续发展的主要问题。

1.2 平原河网地区地下水特征

1.2.1 区域地质特征

（1）冲洪积扇（山前平原）：河流流出谷口后分散为扇状水流，迅速堆积，平面呈扇形。土层颗粒分选性稍差，含水丰富，扇体边缘常形成沼泽。扇体表面向下游倾斜，坡度较小。

（2）河漫滩和河湖平原：是河流侧向侵蚀和湖泊沉积形成的平原，分布于平原中部，其内部常分布有牛轭湖、阶地、自然堤，地形平坦，土层颗粒分选性好。

（3）河口三角洲及滨海平原：是河流在滨海堆积形成的平原。三角洲平面呈三角状，内部港汊纵横，土质以淤泥质土为主。滨海平原多为古河流的三角洲，和三角洲一样土质细腻，但因长期缺乏淡水补给导致盐碱性强。

1.2.2 区域水文特征

平原河网地区地势平坦、河流密布，地下水埋深浅，潜水的径流速度缓慢，径流条件差。在这种区域特征条件下，浅层地下水系统除了受本身地质条件的影响，还极易受到其他特征因素的影响，主要包括：①地表水系发达，河网密集分布，河网切割侵蚀易影响包气带土层；②地表水与邻近浅层地下水交换频繁，地表水体水质状况会直接影响地下水质量；③城市化程度高，地下工程发达，地下工程在不同程度上改变了含水层特性及水文地质条件，如地下水流向和汇水区边界；④地下工程施工运行阶段如防渗措施不到位，排放的污染物将直接影响地下水水质。

地下水作为受体，其污染物主要来源于地表、地下的污染源，污染物排放直接或经土壤间接进入地下水，从而造成地下水污染。由于地下含水介质的隐蔽性和埋藏分布的复杂性，地下水污染具有长期性、累积性等特征，且一旦受到污染，其治理难度大、周期长。另外，地下水的污染主要由地表污染源、土壤层污染物通过渗透、转移等方式进入地下水，由点状、条带状向面状扩散。

以上海市为例：上海市处于长江三角洲地区，属典型平原河网区域，浅层地下水环境条件非常脆弱，赋存条件差、富水性弱、补给量大，特别是埋深非常浅，使得土壤与地下水联系、交换非常紧密和频繁，容易加大污染扩散和迁移风险。一方面，浅层地下水极易受到地表污染源和土壤污染的影响而被污染；另一方面，地下水污染导致的污染物无序扩散迁移，又会反过来污染横向、纵向区域的土壤。应该说，特殊的地理位置、水文地质条件，导致上海市浅部土层和地下水基础环境条件非常脆弱，土壤和地下水极易遭受污染，且又相互影响、相互耦合。

因此，上海市浅部地层组成及水文地质条件复杂，导致污染物空间分布规律复杂，加之环境条件脆弱，地下水极易遭受污染，且水土污染物耦合明显，地下水一旦遭受污染，治理难度相当大。

2

典型平原河网地区水文地质特征
——以上海市为例

2.1 自然地理概况

2.1.1 地形地貌

上海市，简称“沪”，别称“申”，位于中国华东地区，钱塘江和长江入海汇合处，东经 120°52′～122°12′，北纬 30°40′～31°53′，总面积约 6 340 km^2（图 2−1）。上海平均海拔约 4 m，东濒东海，北、西两侧与江苏和浙江两省相接，南边是杭州湾。上海市南北及东西最大距离分别为 120 km 和 100 km 左右，大陆岸线长 170 km 左右。上海市区域内含有崇明岛、长兴岛、横沙岛等岛屿，其中，崇明岛最大，是中国第三大岛，面积约 1 267.05 km^2，海拔 3.5～4.5 m。上海除西部、西南部散布零星的火山岩剥蚀残丘外，其他区域主要是在全新世海侵旋回和构造沉降背景的基础上，通过由长江携带的泥沙为主的水流与潮流的共同作用，逐渐堆积形成广袤坦荡的滨海平原，其三面环水，内陆河网密布，地势低平，略呈东高西低缓倾，地面高程一般在 2.2～4.5 m。

上海市地貌单元按成因类型可划分为三角洲平原、滨海平原和湖积平原 3 种类型。此外，还有散布于西部的松江、青浦、金山等区的 10 多座剥蚀残丘和岛屿，以及分布于沿岸地带的潮坪、边滩。上海市境内的湖积平原与三角洲平原的分界在江苏太仓—上海外冈—徐泾—邬桥—漕泾一线，即以贝壳沙堤构成的冈身带西侧作为分界。次一级地貌单元可按地貌的成因与形态差异划分为若干亚区，三角洲平原分为河口沙坝、汊道和长江支流冲积平原，滨海平原分为长江三角洲滨海平原和杭州湾滨海平原，湖积平原分为潟湖平原和湖积高地、湖积低地和湖沼洼地（图 2-2）。

图 2-1　上海区位

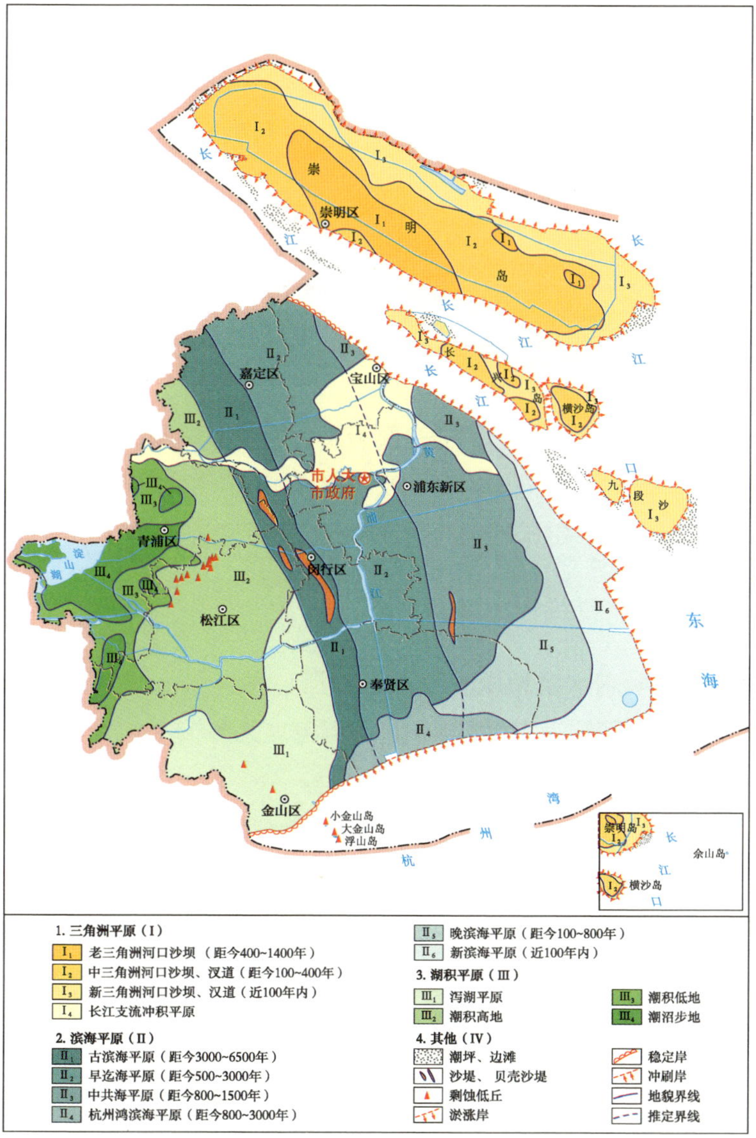

图 2-2 上海市域地貌类型

2.1.2 气候特征

上海市属亚热带季风气候，气候温和，雨量充沛，光热协调，四季分明。年平均气温 15 ～16 ℃，1 月最冷，月平均气温 3.5 ℃，7 月最热，月平均气温 27.8 ℃，一般春季温凉多雨，夏季炎热湿润，秋季多晴少雨，冬季低温干冷。上海市降水充沛，年均降水量约为 1 100 mm，年降水天数为 128～136 d，60% 的雨量集中在 5—9 月，各地降水量大多为 600～650 mm。共有春雨（4 月下旬至 5 月下旬）、梅雨（6 月中旬至 7 月上旬）和秋雨（8 月下旬至 9 月中旬）3 个雨期，以秋雨期间的降水强度最大。上海市日照充足，年日照时数为 1 800～2 200 h，无霜期为 225～235 d，光、温、水基本同季，年均蒸发量为 1 300～1 400 mm。

上海地处中纬度亚洲大陆东部沿海，受东南季风和冷暖空气交替影响，气候多变，台风、暴雨、低温等灾害性天气频繁，局部还有冰雹、龙卷风出现，每年给农业生产带来不同程度的危害。

2.1.3 水文特征

上海市境内水系隶属长江水系，江、海、河、湖相间，水网交织，水域总面积约为 121.85 km^2。河网密度为 6～7 km/ km^2，平均每隔 100～300 m 就有一条河道。

长江流经本市入海，流经上海的长度约为 70 km；江宽变化大，最宽处逾 90 km（从江苏的启东角到上海的南汇嘴），而较窄的南、北两支平均宽度仅为 10 km。长江年均径流量约为 3 万 m^3/s，年输出泥沙 4 亿 ～5 亿 t。长江夹带的大量泥沙，受潮水顶托影响，造成上海海岸带有一部分不断向东延伸，其中崇明岛长江北支和南汇嘴附近的滩涂淤积较快。

黄浦江属感潮河流，自淀山湖至吴淞口全长 113.4 km，从米市渡起，干流的长度约为 80 km；江宽约 400 m，水深 10 m 左右；年均径流量 340 m^3/s 左右。受潮汐影响，黄浦江水位随一日两潮变化很大，吴淞口高、低潮位平均相差约 2.3 m，台风季节最大潮差可达 4.5 m 左右。

苏州河源于太湖瓜泾口，全长 125 km，其中上海市境内长度为 53.1 km；河宽约 70 m，水深 4 m 左右；平均径流量 10 m^3/s 左右。受潮汐影响，苏州河水位随一日两潮亦有较大变化，河口高、低潮位平均相差 1.8 m，台风季节最大潮差可达 3 m 左右。自 20 世纪 90 年代起，作为苏州河综合整治的配套工程——苏州河综合调水工程，迫使苏州河由双向流变为单向流，即对于黄浦江而言，苏州河水只出不进（西引东排）或只进不出（东引南北排），因此河流的水文状况发生了较大变化。

构成上海网状水系的大小河道约有 2.37 万条，长度 2.16 万 km，其中较为主要的有蕰藻浜、高桥港、杨浦港、虹口港、白莲泾、六磊塘等天然河道及金汇港、大冶河、浦东运河、川杨河等人工河道。

淀山湖是上海市最大的天然湖泊，上海市境内面积 47.5 km^2（总面积 62 km^2），蓄水量约 1.1 亿 m^3，多年平均蓄水量为 0.69 亿 m^3，人均占有水资源量约 5 240 m^3/a。

2.2　区域地质条件

2.2.1　地质构造概况

上海露出地表的基岩分布零星，大面积的基岩埋藏在第四系疏松层以下约 300 m 深处。多年来的勘查证实，上海大地构造位置处在扬子准地台内，是一个相对稳定的地块。钻探发现，深部分布有前震旦系、震旦系、寒武系、奥陶系、志留系等古生界地层及侏罗系、白垩系、第三系等中—新生界地层，各地层岩性和准地台各沉积单元相同。

上海市内已发现大小侵入岩体 38 个，分别为晋宁期和燕山期侵入体，总面积 540 km^2，主要为中性岩和酸性岩，有少量基性岩。上海市内火山岩发育，其广布地下 300 m 深处占上海总面积的 2/3，火山岩以侏罗纪的火山熔岩和火山碎屑岩为主，晚侏罗纪为火山活动鼎盛时期，岩石类型以酸性—中酸性岩为主。形成的火山熔岩有碱流岩、安山岩、英安岩、流纹岩以及大量火山碎屑岩类。

上海地区深部基底经多期构造运动，总体为金山—南汇、罗店、徐家汇—五角场复背斜、背斜和青浦—宝山、查山—大团复向斜褶皱体系，沙溪—吕四、枫泾—川沙、张堰—南汇、廊下—大场、陈家镇北东向、北北东向断裂，太仓—盛桥、昆山—嘉定、青浦—龙华等近东西向断裂和太仓—奉贤、罗店—新场和芦潮港—兴塔等北西向断裂体系。

2.2.2 第四系地质概况

上海地区以第四系堆积平原为主，基岩仅呈零星小范围分布。区内松散沉积物由下而上具有明显韵律性变化，分属新近系和第四系。按沉积相和沉积时代的差异，第四系又可划分为下、中、上更新统和全新统四部分。

新近系上新统大部分分布于崇明和嘉定—宝山—浦东滨岸等凹陷区，为一套以扇间洼地—湖泊相和河流边滩相的灰绿、黄绿、褐黄色为主，间杂赭红、紫褐色的黏土和粉质黏土互层。埋藏较深的中、下更新统为一套河流—三角洲河流—泛滥平原、湖泊沉积建造，主要岩性为浅灰、灰黄、褐黄色泥质砾砂、含砾砂层与杂色、青灰色黏土互层，中下部黏性土一般呈坚硬—硬塑状，上部则呈硬塑—可塑状。上更新统由下而上，其沉积相为三角洲河流—滨岸浅海—河口滨岸，相应的松散岩层序列为浅灰、黄灰色含砾中粗砂，细砂—灰色粉质黏土夹粉细砂，砂质粉土—灰色粉细砂夹粉土层，基本为一套砂层，而其中上部的软土层较不发育；代表末次冰期晚期沉积的上更新统顶部标志层的暗绿、褐黄色黏土层在区内分布较为普遍。全新统在河口沙岛和东部滨海平原区发育比较齐全，由下而上构成了一个完整的海侵旋回，其沉积特征为早期的以潮上带深灰色黏土为主的沉积，至中期演变为滨海—浅海的淤泥质粉质黏土及粉砂与粉质黏土薄层互层，晚期则为潮下带的粉砂夹粉质黏土沉积建造，至顶部为潮间—潮上带的砂质粉土、粉质黏土层；而在西部太湖平原区，由于全新世早、中期为未受海侵波及的剥蚀硬土台地，仅在全新世晚期沦为湖泊、沼泽后才堆积了灰黄、灰黑色黏土，局部夹有泥炭。

2.2.3 水文地质条件

上海厚 200～320 m 的第四纪松散沉积物中，砂层累计平均厚度达 160 余米，为水体充填，故蕴藏着较为丰富的地下资源，应归属于长江三角洲地下水统一系统，与邻省有着密切的水力联系。地下水类型主要为松散岩类孔隙水，而碳酸盐岩类岩溶—裂隙水仅在局部地区小范围分布。

按照地质时代、水动力条件和成因类型，将第四系松散岩类孔隙含水层划分为三大含水岩组，主要包含 6 个含水层（表 2-1、图 2-3）。

（1）潜水含水层：全新世（Q_h）河口—滨海相沉积。潜水含水层顶板埋深 3～25 m 不等，厚度为 2.5～24 m。根据含水层岩性结构特征可分为两类，一类以单一黏性土为介质，全市普遍分布，岩性以填土、褐黄色粉质黏土为主；另一类上部是黏性土，下部为砂性土，下部砂性土分布范围有限，主要分布在滨海平原区及长江河口沙岛地区。含水层渗透性能与富水性受岩性影响均较差。二元结构区东北部河口沙岛、东南部紧邻东海和杭州湾北岸粉性土发育地带，渗透性能相对较好，渗透系数总体大于 1 m/d，单井涌水量略大于 10 m^3/d（口径 500 mm，降深 2 m 时）；除上述以外的广大地区，渗透系数普遍小于 0.5 m/d，单井涌水量小于 1 m^3/d。

表 2–1　上海市水文地质条件特征

含水层	形成时代	分布	顶板埋深 / m	厚度 / m	岩性	富水性 /（m^3/d）	地下水化学 /（g/L）	开发利用状况
潜水含水层	全新世（Q_h）河口—滨海相沉积	普遍分布	3~25	2.5~24	粉质黏土、砂质粉土，粉砂	一般单井涌水量小于 10	除沿江沿海地区外，潜水中溶解性总固体含量大多小于 1	因易遭受污染且水量小，仅有少量作为生活洗涤和农业用水
第一承压含水层	晚更新世晚期（Q_{p3}^2）滨海—潟湖相沉积	除基岩残丘、崇明河口沙岛外广泛分布	30~40	3~18	黄色、灰黄色粉细砂、细砂，局部夹砂质粉土	一般单井涌水量小于 500	以溶解性总固体含量大于 1 的微咸水及咸水为主	因水质差、水量小，目前未开发利用
第二承压含水层	晚更新世早期（Q_{p3}^1）河口—滨海相沉积	除基岩残丘区外广泛分布	60~70	20~30	灰色细、中砂为主，局部含砾	基岩浅埋区单井涌水量小于 100，其余地区单井涌水量 1 000~3 000，局部单井涌水量大于 3 000	多为溶解性总固体含量大于 1 的微咸水及咸水	早期的主要采灌层次，目前基本无开采，有回灌

续表

含水层	形成时代	分布	顶板埋深 / m	厚度 / m	岩性	富水性 / (m^3/d)	地下水化学 / (g/L)	开发利用状况
第三承压含水层	中更新世早期 (Q_{p2}^{1}) 河口—滨海相沉积	除基岩残丘区外广泛分布	110～120	20～30	一般为中粗砂，局部含砾中粗砂夹细砂	单井涌水量普遍为 1 000～3 000，局部大于 3 000	西部水质较好，向东、南逐渐过渡为溶解性总固体含量大于 1 的微咸水及咸水	早期的主要采灌层，目前基本无开采，有回灌
第四承压含水层	早更新世中晚期 (Q_{p1}^{2-3}) 河流相沉积	除在基岩残丘及局部浅埋区缺失外广为分布	130～180	上层 20～30，下层 10～20	灰色细砂、中粗砂为主	基岩浅埋区单井涌水量普遍小于 100，其余地区普遍为 1 000～3 000，部分区域大于 3 000	陆域溶解性总固体含量以小于 1 的淡水为主，岛域以溶解性总固体大于 1 的微咸水为主	主要采灌层，目前回灌量大于开采量
第五承压含水层	早更新世早期 (Q_{p1}^{1}) 河流相沉积	大盈镇—香花桥—赵巷镇—徐泾镇—虹桥镇—长宁区武夷路—人民广场—西藏路—浦东龙阳路立交桥—六里一线以南地区	250～280	10～80	褐黄、黄灰色含砾砂、沙砾石	岛域地区单井涌水量为 1 000～3 000，其他地区普遍为 100～1 000	陆域溶解性总固体含量以小于 1 的淡水为主，岛域以溶解性总固体大于 1 的微咸水为主	主要采灌层，目前回灌量大于开采量

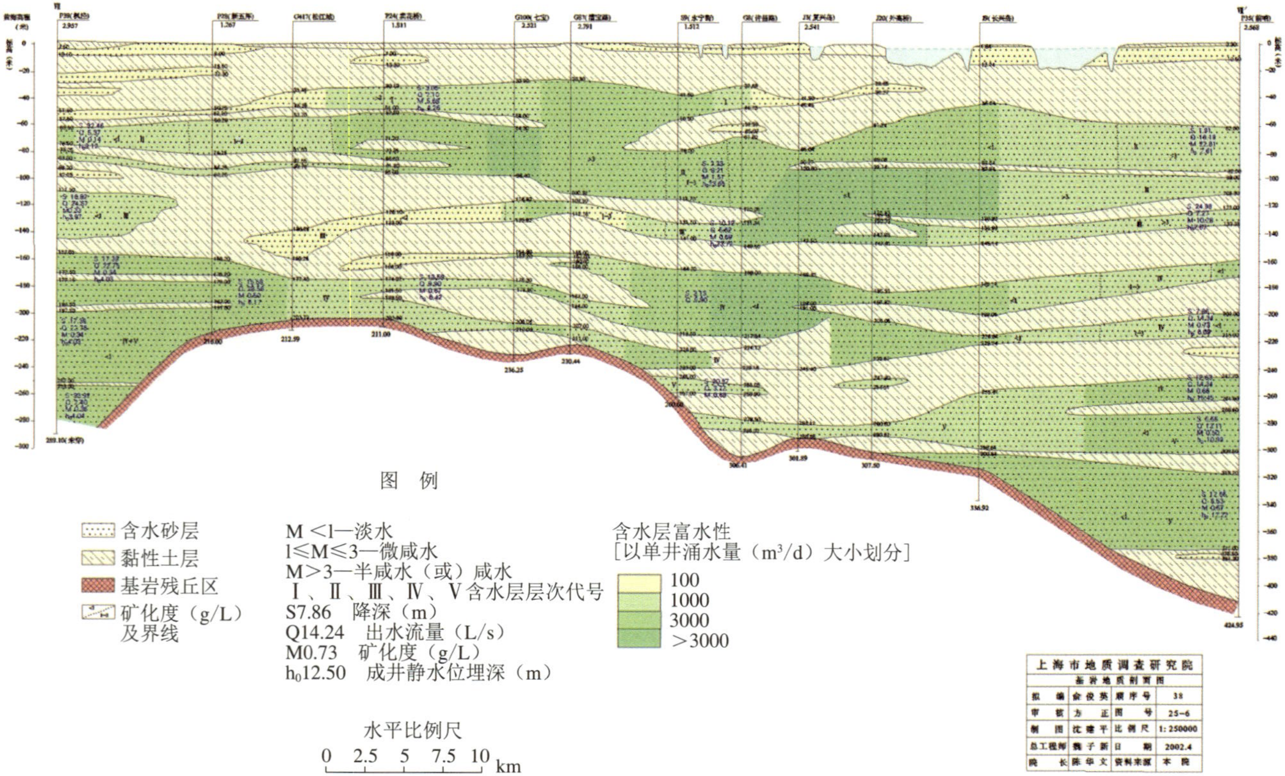

图 2-3 上海市区域典型水文地质剖面图

（2）第一承压含水层：晚更新世晚期（$Q_{p_3}^2$）滨海—潟湖相沉积。上海地区除西部佘山—天马山、西南部秦皇山—查山等剥蚀残丘—基岩凸起区，以及宝山区、嘉定区、青浦区局部和崇明河口沙岛等地区缺失外广泛分布。含水层顶板埋深一般在 30～40 m，含水层厚度一般为 3～18 m，含水层岩性以灰黄色、黄色、灰色粉细砂、细砂为主。含水层渗透性能与富水性大小、岩性、厚度有密切关系。大部分地区渗透系数小于 10 m/d，单井涌水量小于 500 m^3/d（口径 250 mm，降深 5 m 时，下同）。

（3）第二承压含水层：晚更新世早期（$Q_{p_3}^1$）河口—滨海相沉积。除松江区、金山区基岩出露区缺失外广泛分布。含水层岩性以浅灰、黄灰色粉细砂、含砾中粗砂为主，且自上而下呈现由细变粗的沉积韵律。含水层顶板埋深在 60～70 m，含水层厚度普遍在 20～30 m。含水层渗透性、富水性普遍较好，单井涌水量普遍在 1 000～3 000 m^3/d，局部地区单井涌水量大于 3 000 m^3/d。

（4）第三承压含水层：中更新世早期（$Q_{p_2}^1$）河口—滨海相沉积。松江区、青浦区、金山区局部基岩出露区缺失，其余地区普遍分布。岩性为含砾中粗砂夹细砂、中细砂。含水层埋藏具有西南浅—中部深—东北浅的规律，毗邻基岩浅埋区和三角洲前缘含水砂层逐渐尖灭。含水层顶板埋深在 110～120 m，含水层厚度 20～30 m。基岩出露区附近含水层富水性较差，单井涌水量小于 100 m^3/d；其他地区富水性较好，单井涌水量普遍在 1 000～3 000 m^3/d；东部宝山区宝钢—杨浦区—浦东新区一带及西部青浦区白鹤镇—凤溪镇一带、崇明岛东部大于 3 000 m^3/d。

（5）第四承压含水层：早更新世中晚期（$Q_{p_1}^{2-3}$）河流相沉积，按沉积旋回一般分为上、下两层。陆域部分含水层主要分布于“枫（泾）—奉（城）古河道”和“浏—南古河道”，含水层顶板埋深一般为 130～180 m，含水层厚度在十几米至几十米不等，岩性以灰色细砂、中粗砂为主。岛域部分含水层顶板埋深一般为 150～170 m，含水层上层厚度从几米至几十米不等。第四承压含水层富水性、渗透性的强弱与含水层岩性、厚度大小有较强的相关性。陆域地区表现为西部、南部的松江区、青浦区、嘉定区、金山区、奉贤区局部基岩浅埋区附近相对差，单井涌水量小于 100 m^3/d，渗透系数小于 10 m/d。东部浏—南古河道和南部枫—奉古河道分布地带，富水性和渗透性能较好，单井涌水量普遍在 1 000~3 000 m^3/d，渗透系数为 10~20 m/d，古河道中心地带（东部宝山区和浦东新区）单井涌水量普遍大于 3000 m^3/d，渗透系数为 20~40 m/d。岛域地区含水层富水性较差，单井涌水量在 100 m^3/d，渗透系数普遍小于 10 m/d。

（6）第五承压含水层：早更新世早期（$Q_{p_1}^1$）河流相沉积。含水层主要分布于大盈镇—香花桥—赵巷镇—徐泾镇—虹桥镇—长宁区武夷路—人民广场—西藏路—浦东龙阳路立交桥—六里一线以南地区。岩性多为泥质弱胶结的褐黄、黄灰色含砾砂、沙砾石。陆域含水层顶板埋深一般为 250~280 m，含水层厚度为 10~80 m，岛域含水层顶板埋深在 250 m 左右，含水层厚度普遍大于 50 m。在含水层基本缺失区附近地区，富水性相对较差，单井涌水量普遍小于 100 m^3/d；富水性相对较好的区域单井涌水量普遍在 1 000~3 000 m^3/d。

2.2.4 工程地质条件

上海地区各类建筑工程基础设计深度一般在 100 m 以浅土层，该深度范围内地基土层，主要为晚更新世以来以海陆交替海相为主的松散土层，以软黏性土为主、砂为辅交互成层。结合上海地区地基土层岩性特点，按照第四纪沉积时代及成因进行工程地质大层划分，在同一工程地质层（组）内，以其岩性、结构及其物理力学性质指标的差异，又可划分出若干工程地质亚层。上海市工程地质土层特性及滨海平原区典型工程地质剖面见表 2-2、图 2-4。

表 2-2　上海市工程地质土层特性

地质时代		土层层号	土层名称	层厚 / m	层面标高 / m	颜色	湿度	状态	密实度	压缩性	土层描述
全新世	Q_4^3	①$_1$	填土	1.1							以黏性土为主，含植物根茎及碎石砖块等
		①$_3$	冲填土	3.4	3.67	灰	饱和		松散—稍密	中偏高	以粉性土为主，含云母及贝壳碎片，夹薄层淤泥质黏土，部分地区以淤泥质黏土为主，含有机质染斑
		②$_1$	黏土、粉质黏土	2.0	2.92	褐黄—灰黄	湿	可塑—软塑		中等	见有植物根茎及铁锰质侵染斑点或小结核
		②$_2$	泥炭质土	0.4	2.04	灰黑	饱和	流塑		高	含黑色有机质，夹棕红色半腐植物根茎及碎屑，有臭味
		②$_3$	粉土、粉砂	6.8	0.87	灰	饱和		松散—稍密	中等	含云母及有机质，染斑，夹薄层粉质黏土，偶见贝壳碎片。河口沙岛地区垂向岩性有所差异，上部一般为砂质粉土，中部为黏质粉土，下部为粉砂
	Q_4^2	③	淤泥质粉质黏土（滨海平原区）	5.1	−0.09	灰	饱和	流塑		高	层内夹薄层粉砂，粉砂夹层厚为 0.5~1.0 mm，具有波状水平层理，局部见有交错层理，层内气孔发育，多呈圆形，孔径 0.5~1.0 mm，孔内无充填物，含贝壳碎屑

续表

地质时代		土层层号	土层名称	层厚 / m	层面标高 / m	颜色	湿度	状态	密实度	压缩性	土层描述
全新世	Q_4^2	③	灰色黏土、粉质黏土（湖沼平原）	5.8	0.61	灰	很湿	软塑		高	含灰白色团块及有机质染斑，夹蓝灰色黏土条纹，偶夹 0.3 cm 左右的腐植物根茎，土质较均匀。部分地区颜色呈蓝灰色，含灰白色泥质条纹及少量腐植物
		$③_a$	砂质粉土	2.5	−1.31	灰	饱和		稍密	中等	含云母，夹黏性土薄层，土质不均
		④	灰色淤泥质黏土	7.2	−6.87	灰	饱和	流塑		高	含云母、有机质，黏土矿物成分主要为水云母、蒙脱石，局部夹贝壳碎片
		$④_a$	砂质粉土	5.8	−8.31	灰	饱和		稍密	中等	含云母，夹黏性土薄层
	Q_4^1	$⑤_{1-1}$	黏土	6.4	−14.02	灰	很湿	软塑—流塑		高	含云母、有机质，见灰白色泥钙质结核及半腐芦苇根茎，夹薄层黏土，土质较均匀
		$⑤_{1-2}$	灰色粉质黏土	7.6	−17.97	灰	很湿	可塑—软塑		中偏高	夹较多砂质粉土或黏质粉土，在金山局部地区岩性为黏质粉土夹粉砂，土质不均

续表

地质时代		土层层号	土层名称	层厚/m	层面标高/m	颜色	湿度	状态	密实度	压缩性	土层描述
全新世	Q_4^1	⑤$_2$	砂质粉土、粉砂	9.0	−26.07	灰	饱和		中密	中等	岩性以灰色砂质粉土夹粉砂为主，局部地区为粉砂含有机质、钙质结核、腐植物等，具交错层理，层内气孔发育
		⑤$_3$	粉质黏土	12.4	−28.50	灰	湿	可塑—软塑		中偏高	层内富含有机质，局部地段夹粉砂层，甚至为互层，夹层处见有斜层理或波状水平层理，该层由于在封闭环境中沉积，故一般含天然气
上更新世	Q_3^2	⑤$_4$	粉质黏土	3.4	−34.42	灰绿	稍湿	可塑		中等	部分地区为黏土，颜色有暗绿、灰绿、草黄色等，含氧化铁斑点、有机质，见铁锰质结核，偶夹粉砂薄层
		⑥	黏土、粉质黏土	4.1	−16.49	暗绿—褐黄	稍湿	硬塑—可塑		中等	本层下部略具水平层理，上部未见明显层理构造，含有铁锰质侵染斑点、结核及少量植物残体，颜色由上至下由暗绿色逐渐过渡为褐黄色、草黄色

续表

地质时代		土层层号	土层名称	层厚/m	层面标高/m	颜色	湿度	状态	密实度	压缩性	土层描述
上更新世	Q_3^2	⑦$_1$	黏质粉土、砂质粉土	5.0	−18.57	草黄，灰	饱和		中密	中等	西部湖沼平原区颜色多为灰色，而“冈身”及滨海平原区颜色多为草黄色，略具水平层理，夹较多黏性土薄层，含少量贝壳碎片
		⑦$_2$	粉砂	19.2	−34.07	灰黄一灰	饱和		密实	中偏低	具水平层理，矿物成分以石英为主，含少量暗色矿物，局部云母片富集，土质较均匀
		⑧$_{1-1}$	黏土	9.6	−25.71	灰	很湿	软塑		高	含云母、腐植物，土质较均匀
		⑧$_{1-2}$	粉质黏土	9.8	−25.23	灰	很湿	可塑一软塑		中偏高	含云母，夹粉砂薄层，夹层单层厚一般为0.1~0.5 cm，粒度成分以粉砂粒为主，层内富含动物化石
		⑧$_{2-1}$	粉质黏土	6.9	−25.37	暗绿一褐黄	稍湿	硬塑一可塑		中等	含铁锰氧化物条纹、腐植物，夹薄层粉土、粉砂，偶见鱼骨碎片
		⑧$_{2-2}$	砂质粉土	13.2	−37.72	草黄一灰	饱和		中密一密实	中等	含云母、腐植物，夹薄层黏性土。在河口沙岛区该层基本为粉砂夹砂质粉土层和粉砂夹粉质黏土层

续表

地质时代		土层层号	土层名称	层厚 / m	层面标高 / m	颜色	湿度	状态	密实度	压缩性	土层描述
上更新世	Q_3^2	⑧$_{2-3}$	粉质黏土夹砂	13.6	−48.24	灰	湿	可塑		中等	含云母、腐植物，层内见有螺贝壳、植物根茎，在滨海平原区该层主要为粉质黏土夹砂和粉质黏土与粉砂互层，层间有间隙，层面间有鱼鳞状构造，具明显的水平或单斜层理，呈“千层饼”状，局部夹少量钙质结核及半腐烂植物碎片，土质不均，湖沼平原区基本为粉质黏土夹粉砂
		⑧$_{3-1}$	粉质黏土	5.1	−46.54	暗绿一蓝灰	稍湿	硬塑一可塑		中等	含氧化物条纹，夹薄层粉砂
		⑧$_{3-2}$	砂质粉土	5.4	−53.09	褐黄	饱和		中密	中等	含云母、腐植物，夹薄层黏性土
		⑧$_{3-3}$	粉质黏土	8.7	−57.08	蓝灰一灰	稍湿	可塑		中等	含云母、腐植物，夹薄层粉砂
		⑧$_4$	粉质黏土	11.6	−65.04	灰	稍湿	可塑		中等	含云母，夹薄层粉砂，土质不均

续表

地质时代	土层层号	土层名称	层厚 / m	层面标高 / m	颜色	湿度	状态	密实度	压缩性	土层描述
上更新世 Q_3^1	⑨$_1$	粉砂	9.0	−63.60	青灰—灰	饱和		密实	中偏低	矿物成分以长石、石英、云母为主，次为暗色矿物，分选性较好，部分地区顶部夹黏性土薄层，见有水平层理，夹少量贝壳碎片
	⑨$_2$	含砾中砂	12.9	−73.63	青灰	饱和		密实	低	上部一般为细砂，至下逐渐过渡为中粗砂、砾石层，矿物成分以长石、石英、云母为主，次为暗色矿物，砾石直径一般为 2～5 mm，磨圆度很好，呈半棱角状。局部夹有薄层黏性土透镜体
中更新世 Q_2^2	⑩	粉质黏土	4.0	−87.36	蓝灰	稍湿	硬塑—可塑		中偏低	含铁、锰质结核及黑色有机质
	⑪	粉细砂	未钻穿	−94.32	灰黄—灰	饱和		密实	低	矿物成分以长石、石英、云母为主

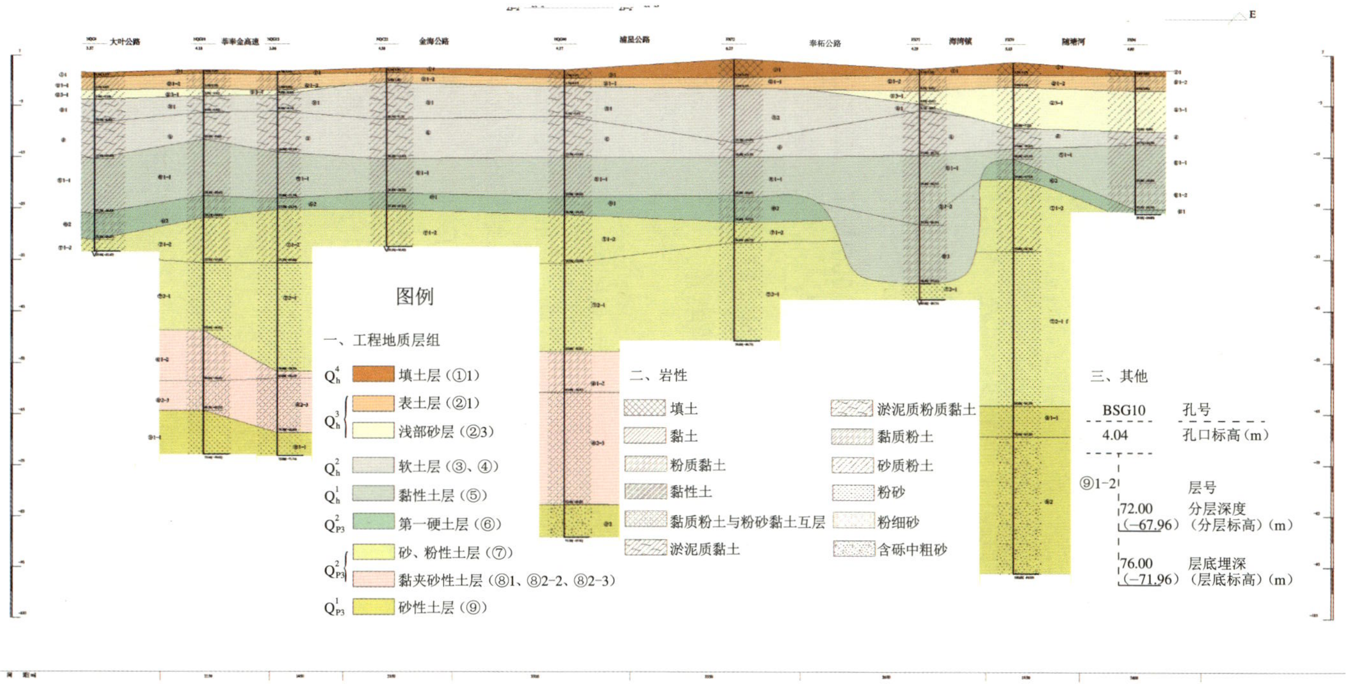

图 2-4　滨海平原区典型工程地质剖面

2.3 潜水含水层水文地质特征

2.3.1 潜水含水层沉积环境

上海地区地貌特征受江海交互作用强度的控制，基本属于堆积地貌类型，按成因类型可划分为滨海平原、三角洲平原和湖积平原 3 种类型。

（1）滨海平原

滨海平原是指长江下泄泥沙受潮流、波浪的作用，沿东海岸逐年堆积浮出海面而成陆的平原，包括“冈身”——6 000 年前古海岸线以东至近代长江南岸与杭州湾北岸之间的坦荡平原区。按成陆顺序又可细分为古滨海平原（距今 6 500~3 000 年）、早滨海平原（距今 3 000~1 500 年）、中滨海平原（距今 1 500~800 年）、杭州湾滨海平原（距今 3 000~800 年）、晚滨海平原（距今 800~100 年）和新滨海平原（距今 100 年）等二级地貌单元。

（2）三角洲平原

三角洲平原地貌又指河口沙岛平原地貌，是指由长江下泄泥沙在径流、潮流相互作用下形成的河口沙坝，后经不断堆积露出水面形成的三角洲平原，沉积物质以黏土质粉砂为主，结构较疏松。地面高程（吴淞高程，下同）一般介于 3.0~5.0 m。按形成年代，该类地貌又可细分为老三角洲河口沙坝（距今 1 400~400 年）、中三角洲河口沙坝及汊道（距今 400~100 年）、新三角洲河口沙坝及汊道（近 100 年）和长江支流冲积平原等二级地貌单元。

（3）湖积平原

湖积平原分布于松江、金山、青浦三区境内。系指“冈身”以西的平原区，该地区因“冈身”的建造逐步演化为湖沼环境，表层沉积物以粉砂质黏土为主，青浦、松江境内广布泥炭质层。按照地势相对高差，可细分为湖沼洼地、湖积低地、湖积高地和潟湖平原等二级地貌单元。

2.3.2 潜水含水层分布

潜水含水层为全新世中晚期滨海—河口、滨海相沉积，含水层岩性结构类型较为复杂，一般可概括成两种结构类型，一种以单一黏性土为介质，基本无成层砂层分布；另一种为二元结构，上部是黏性土、下部为砂性土，有一定厚度的砂层分布。

两种结构类型的分布区较为明显，在陆域部分二元结构潜水含水层主要呈带状分布和零星透镜体分布，带状分布区域主要位于苏州河以北地区，含水层厚度在 1～20 m 不等，零星透镜体分布地区砂性土厚度在 1 m 左右。由单一黏性土或淤泥质黏性土介质构成的潜水含水层，分布于西南部和东南部广大地区，分布面积相对较大。在岛域部分二元结构潜水含水层普遍分布，含水层埋深在 11～23 m，厚度普遍大于 10 m。潜水含水层结构如图 2–5 所示。

2.3.3 潜水水位特征

市内潜水自由水面埋深大多为 0.5～1.5 m，局部 1.5～2.0 m，水位年变幅在 0.3～1.3 m。同时，潜水水位的埋深受气象、地形、岩性、人为灌溉等因素的影响，尤以气象影响最为明显。由于气象变化呈周期性，所以潜水动态有多年的和昼夜的周期性变化。调查为枯水季节时，潜水水位埋深普遍较深，相应的潜水水位标高较低；而当调查正值平水季节时，潜水水位埋深普遍抬高，相应的潜水水位标高较高。

2.3.4 潜水含水层富水性

潜水含水层是以黏性土为介质的单一结构区，地层渗透性和富水性均较差，渗透系数普遍小于 0.5 m/d，单井涌水量普遍小于 1 m^3/d。陆域部分在砂性土分布的外冈—华漕—九亭—颛桥—柘林一线以及沿江沿海、川沙高桥地区富水性稍好，以南汇地区富水性最大。岛域部分富水性相对较好，富水性以大于 10 m^3/d 为主（图 2–6）。

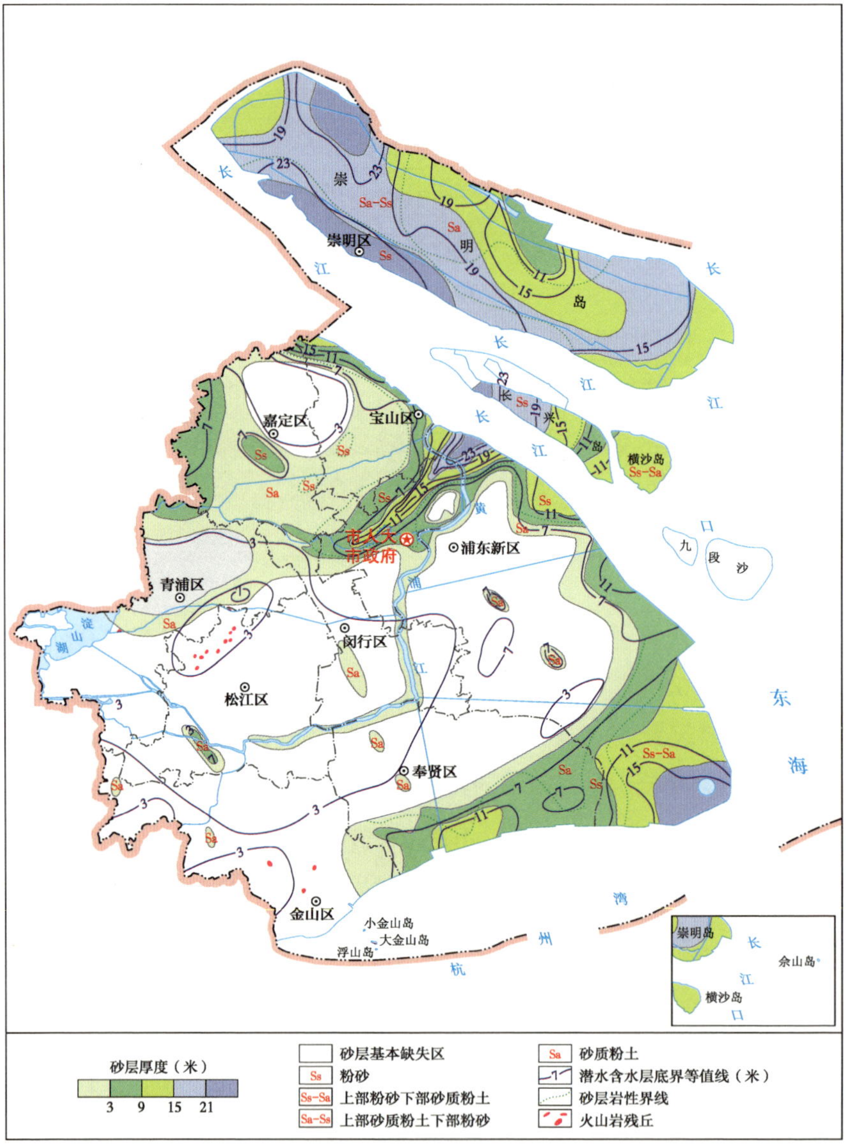
崇明区
崇
明
岛
长
江
嘉定区
宝山区
青浦区
淀山湖
市人大
市政府
浦东新区
闵行区
松江区
奉贤区
金山区
小金山岛
大金山岛
浮山岛
横沙岛
九段沙
东
海
杭
州
湾
长
江
口
崇明岛
佘山岛
横沙岛
砂层厚度（米）
3 9 15 21
砂层基本缺失区
Ss 粉砂
Ss-Sa 上部粉砂下部砂质粉土
Sa-Ss 上部砂质粉土下部粉砂
Sa 砂质粉土
潜水含水层底界等值线（米）
砂层岩性界线
火山岩残丘

图 2-5 潜水含水层结构

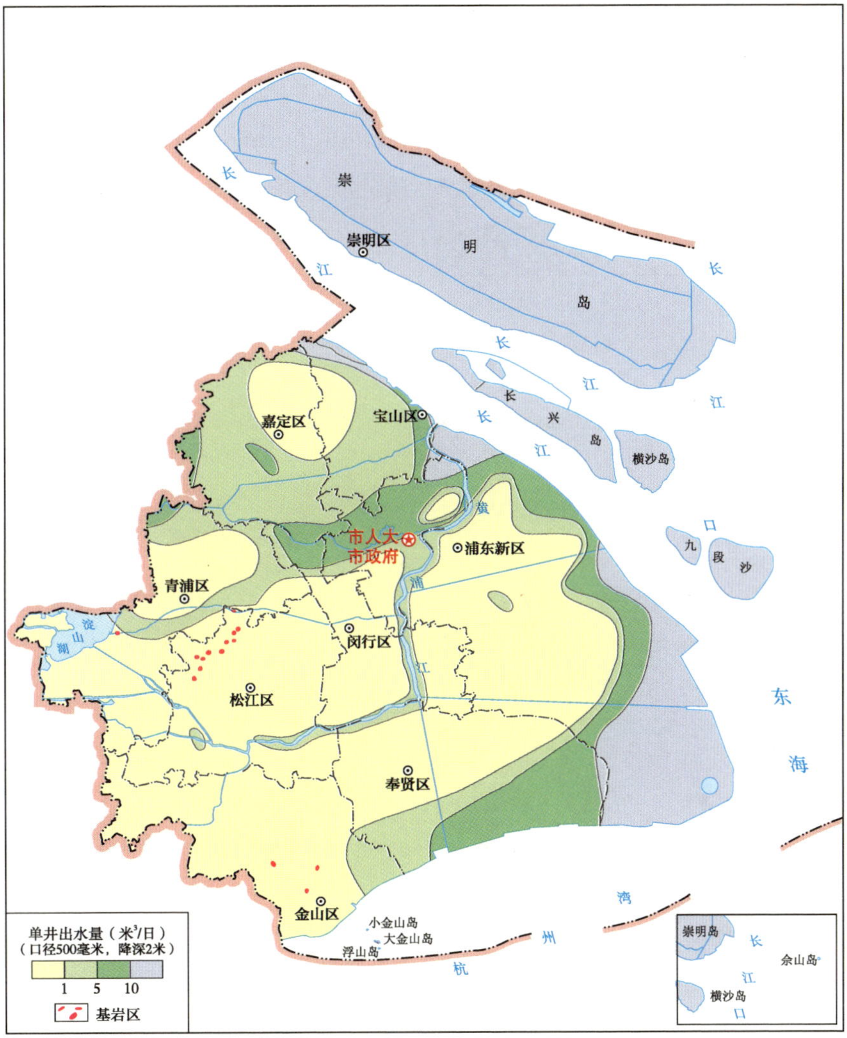

图 2–6　潜水富水性分布

潜水含水层由于富水性普遍较差，开采条件较差，开发利用较少，在远郊区潜水可作为生活洗涤用水，富水性稍好的区域可作为小片农地灌溉使用。

2.3.5 潜水地下水质量和水化学特征

市内潜水以溶解性总固体含量小于 1 g/L 的淡水为主，溶解性总固体含量大于 1 g/L 的区域主要分布在浦东的沿海区域，以及崇明岛东北部区域（图 2–7）。地下水中溶解性总固体含量在一定程度上决定着地下水质量和水化学类型。

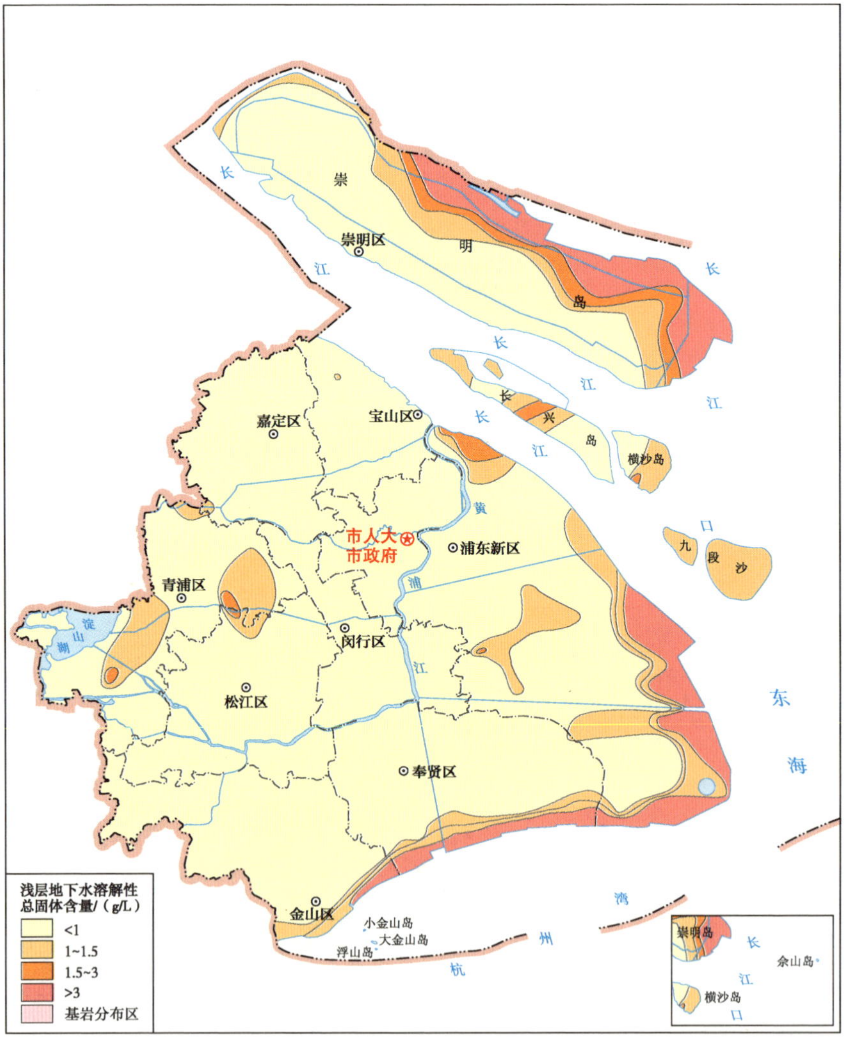

图 2–7 潜水溶解性总固体含量分布

根据以往的调查和监测成果，影响潜水水质的指标主要有总硬度、溶解性总固体、铁、锰、氯化物、碘化物、挥发性酚类、氨氮、耗氧量和钠。有机物检出率较高的有苯系物和多环芳烃类。

潜水水化学类型受沉积环境、补给来源和人类活动的影响，不同区域水化学类型呈现一定的差异性，其区域分布规律如图 2-8 所示。西部淀泖低地是市内潜水的局部排泄区，潜水蒸发量较大，然而其水质仍为淡水。另外，在崇明城桥、青浦区的西边、闵行区的局部地区、松江区的城东和佘山及叶榭镇、金山区的石化地区与查山、浦东新区的川沙镇与新场镇等地，不同程度地检出特殊水型，这些特殊水型水的出现与人类的活动有一定关系。

2.3.6 潜水补径排条件

（1）补给条件

上海地区气候湿润，雨量丰富，年平均降水量约为 1 100 mm，其中最多年份（1999 年）为 1 626.8 mm，最少年份（1998 年）为 651.5 mm。市内充沛的降水量形成了丰富的地表径流量，从而提供了大量的入渗水源。同时，由于地势平缓，除西部地下水包气带渗透性能较差，以及市中心区、居民区大片土地为不透水面外，其他地区地表土层尤其陆域东南部及河口沙岛地区均具有良好的入渗性能。但由于地势高低、排水条件各异，表层土入渗性能的差异及各地区降水持续时间不同，各地区水位上升幅度有所不同。因此，潜水蓄变量（储存量）亦因地而异。

市内农田灌溉水源为地表水，其灌溉入渗对潜水水位的影响较大，据统计，上海多年平均灌溉水量约为 211 337.8 万 m^3。可见，地表水引入灌溉的水量较大。这一部分灌溉用水除植物吸收及蒸发外，部分入渗补给了潜水，每年 4—10 月，灌溉地区潜水水位比非灌溉地区同期水位略高，尤其是集中灌溉的潜水水位上升较为明显，因此，地表水灌溉入渗是本市潜水补给的主要来源之一。

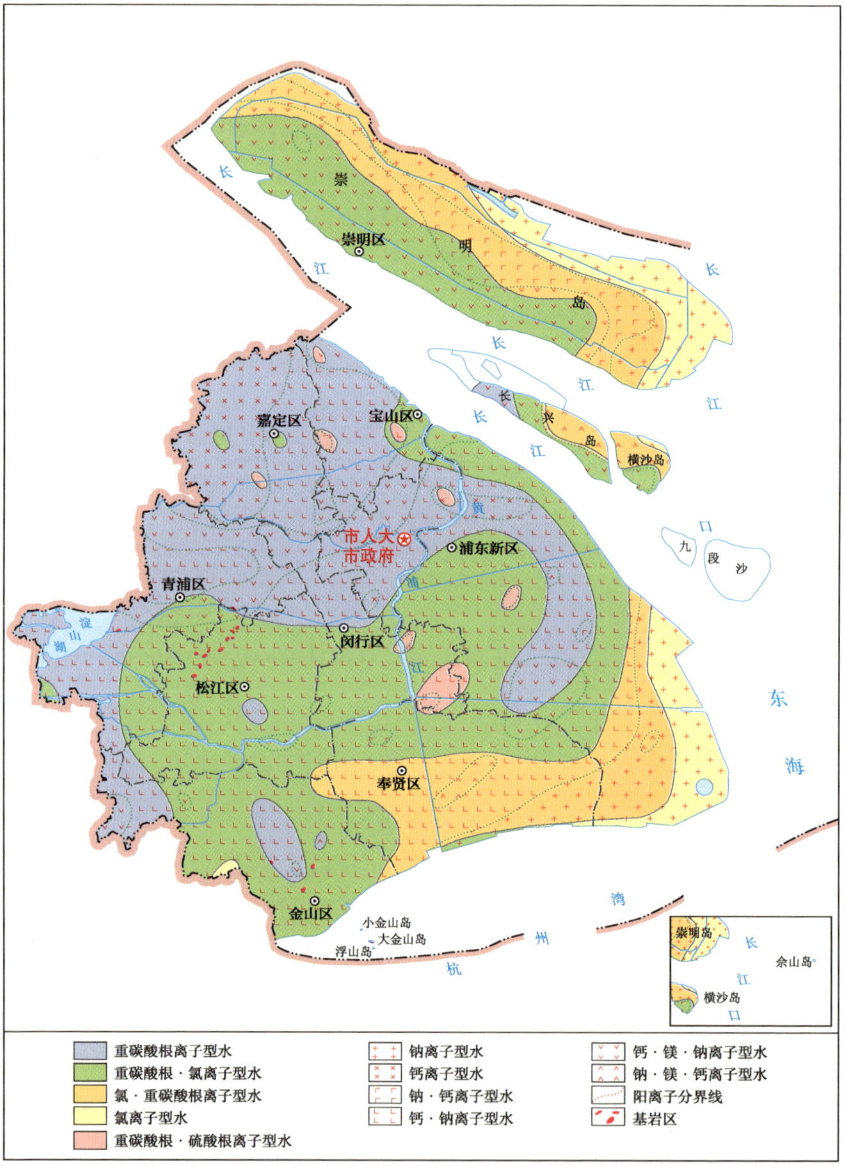

图 2-8　潜水水化学类型分布

另外，市内主要地表水系如长江、黄浦江和淀山湖等均直接切割潜水含水层，对潜水有一定数量的补给。

（2）径流条件

上海潜水含水层颗粒微细，水位较平缓，水力坡度一般小于万分之一，地下水流速缓慢，径流条件较差。潜水被纵横密布的地表水切割，潜水流向在一定程度上受地表水位控制，且径流途径较短。另外，潜水面形态受地势形态控制，潜水水位高低与地势起伏基本一致，陆域中部至西南部有一潜水分水岭地带，以东、以南的地下水分别向长江口、东海和杭州湾径流；以西、以北地带地下水受邻省地下水径流补给及长江地表水补给；在西南部青浦、松江一带，潜水面为一低槽，地下水排泄不畅，径流路程较短，潜水汇入淀泖低地，并汇入黄浦江上游。在河口沙岛地区，南部潜水受长江地表水补给，北部则为潜水排泄区。

（3）排泄条件

本市地面蒸发量较大，多年平均为 981.8 mm（1956—2000 年）。据以往潜水资源计算，潜水蒸发量占大气降水入渗量的 55 % ～ 75%，可见，潜水蒸发是市内潜水的主要消耗项。另据 20 世纪 70 年代不完全统计，上海市有记载土井约 64 万口，每年开采量估计为 1.8 亿 m^3，可见当时人为开采也是潜水排泄的主要途径。

根据潜水与地表水彼此间的动态变化规律，潜水向地表水体排泄也是潜水排泄的途径之一。

综上所述，大气降水是本市潜水的主要补给来源，其次受农田灌溉及江、湖地表水补给。潜水的径流速度缓慢，径流条件差。潜水排泄主要是潜水蒸发，其次为人为开采和排泄于地表水体。故上海地区潜水属于大气降水—蒸发型地下水。

2.4 土地利用及土壤类型

2.4.1 土地利用构成及分布

2020 年，上海市九大类土地利用类别中，以农业用地为主，占全市总面积的32.20%；其次是绿化用地、居住用地、工业仓储用地和水域，分别占全市总面积的17.05%、14.43%、10.03%和9.06%；交通用地、公共建筑用地、其他用地和市政公用设施用地面积较小，分别占全市总面积的6.75%、5.01%、4.82%和0.66%，具体见表2-3。

表2-3　上海市土地利用分类状况遥感调查结果（2020年）

类型	面积/km^2	占比/%
工业仓储用地	685.62	10.03
交通用地	461.51	6.75
公共建筑用地	342.01	5.01
居住用地	985.69	14.43
绿化用地	1 164.89	17.05
市政公用设施用地	44.82	0.66
农业用地	2 200.36	32.20
水域	619.03	9.06
其他用地	329.08	4.82

注：统计数据来源不同，因此略有差异。

上海市土地利用格局分布现状如图2-9所示，工业仓储用地主要分布于宝山区、嘉定区、浦东新区、闵行区和松江区。交通用地分布较为分散，呈网状结构镶嵌于整个上海地区，分布较为集中的区域有浦东机场和虹桥机场等地。公共建筑用地主要分布在中心城区，浦东新区和闵行区等地受中心城区辐射，也分布有较大面积的公共建筑用地。居住用地主要分布在上海的中心城区，此外，各郊区的中心城区也有较大面积的居住用地分布。上海市城市绿地以防护绿地、公园和道路绿地为主，防护绿地主要为黄浦江上游防护绿地和沿海防护绿地，公园面积较大的有世纪公园、东方绿舟等，道路绿地主要分布在外环线两侧。市政设施用地面积较小，分布较散，主要分布于上海各郊区。农业用地主要分布在郊区，其中，崇明区、青浦区、浦东新区、松江区和金山区分布较多。水域除城市骨干河道外，主要分布在青西淀泖地区、沿海边滩及长江口的岛屿沙洲。其他用地主要为在建或待建用地，在全市广泛分布。

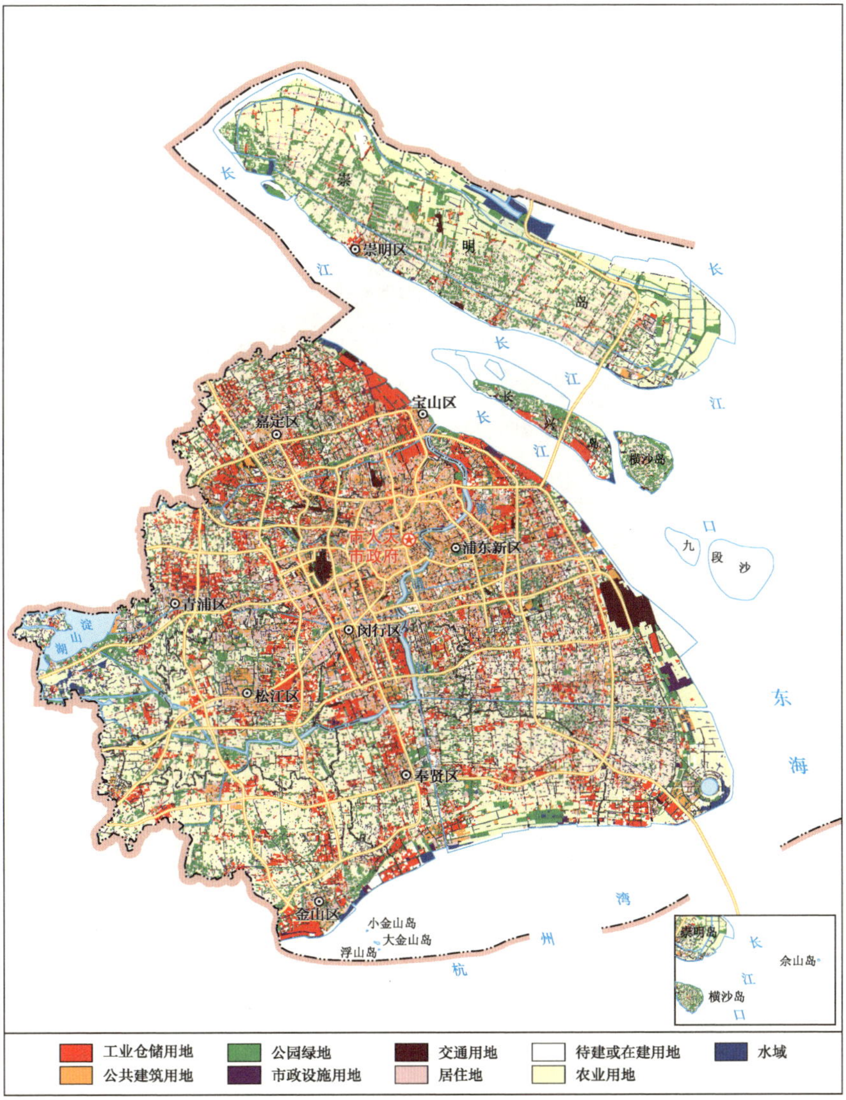

图 2–9 上海市土地利用空间分布现状（2020 年）

2.4.2 土壤类型及分布

上海市位于长江三角洲的前缘，长江携带的大量泥沙形成冲积平原。土壤总体质地疏松、母质养分丰富，为适宜各种农作物生长的肥沃土壤。其土壤类型主要为淀泖低地水稻土、潮土和东部滨海盐土三大类，进一步可分为 6 个亚类，22 个土属（图 2-10、表 2-4）。

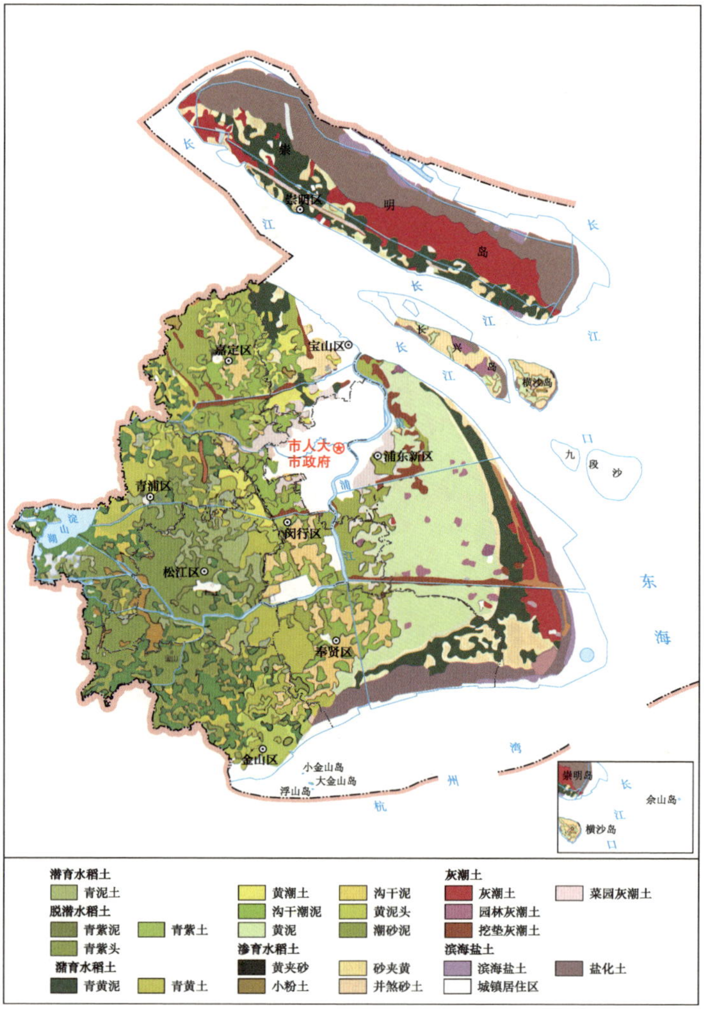

图 2-10　上海市土壤类型

从土壤分类情况来看，滨海盐土约占总面积的 15%，主要分布于上海崇明、奉贤、浦东的沿江沿海及松江新五乡地区。水稻土约占总面积的 62%，分布在嘉定、青浦、松江、金山、浦东、崇明等上海郊区的大部分地区。其中，潴育水稻土约占总面积的 34%，主要分布在钦公塘以西地区；潜育水稻土约占总面积的 16%，主要分布在青浦、松江、金山等区域；脱潜水稻土约占总面积的 11%，主要分布在淀泖洼地的低田和低平田区域；渗育水稻土约占总面积的 1%，主要分布在钦公塘以东及长兴、横沙两岛区域范围。灰潮土约占总面积的 23%，主要分布在上海的崇明区、浦东东南滨海及近郊蔬菜种植区域。

表 2-4　上海市土壤分类

土类	亚类	土属
水稻土	潴育型	青黄泥
		青黄土
		黄潮土
		沟干泥
		沟干潮泥
		黄泥头
		黄泥
		潮砂泥
	渗育型	黄夹砂
		砂夹黄
		小粉土
		并煞砂土
水稻土	潜育型	青泥土
	脱潜型	青紫泥
		青紫土
		青紫头
滨海盐土	滨海盐土	滨海盐土
		盐化土

续表

土类	亚类	土属
潮土	潮土	灰潮土
		菜园灰潮土
		园林灰潮土
		挖垫灰潮土

3

地下水脆弱性及污染风险评价研究进展

3.1 地下水污染风险管控研究进展

3.1.1 地下水污染风险管控策略发展

自 20 世纪 70 年代以来，欧美一些发达国家在地下水污染防治方面相继启动了地下水保护与污染防治行动计划，开展了大量系统的技术研究与工程应用实践，针对地下水污染控制与修复制定了一系列较为完善的技术规范、指南和标准。2006 年，欧盟颁布了《欧盟地下水指令》，该文件是欧盟地下水环境管理和保护的纲领性文件，确立了欧盟地下水污染防治的框架和目标，为了实现该目标，欧盟各成员国制定了相应的实施计划和最佳技术指南等。美国、加拿大和日本等国针对地下水污染控制与修复制定了一系列较为完善的技术规范、指南和标准，用以指导地下水修复决策、修复目标制定、修复技术实施、监测及效果评价等行动。国外这些地下水污染控制与修复的指南和标准，为区域地下水修复顶层设计、综合决策和修复技术实施、监测等提供了科学指导和重要基础。

我国经国务院批复同意，由环境保护部于 2011 年 10 月发布了《全国地下水污染防治规划（2011—2020 年）》（以下简称《规划》），首次由国家对全国地下水污染防治工作作出了总体部署。《规划》提出地下水污染防治工作的主要任务包括开展地下水污染状况调查、强化重点工业地下水污染防治、有计划地开展地下水污染修复等。为贯彻《规划》要求，2014 年以来，环境保护部陆续编制印发了《地下水环境状况调查评价工作指南（试行）》《地下水污染模拟预测评估工作指南（试行）》《地下水污染健康风险评估工作指南（试行）》《地下水污染防治区划分工作指南（试行）》《地下水污染修复（防控）工作指南（试行）》《环境影响评价技术导则　地下水环境》《饮用水水源保护区划分技术规范》等标准规范，科学指导、推动各地开展地下水污染调查评估、防治区划分、规划评估、污染修复等工作。已取得的地下水污染状况调查、污染识别、风险评估成果，为构建地下水污染防控关键技术及管理政策体系奠定了良好的基础。2018 年 1 月 1 日《中华人民共和国水污染防治法》（2017 年修正）实施，其中对地下水污染防治作了相应规定，并提出了处罚措施。针对我国地下水已显现有机污染的现状，2017 年，我国以《地下水质量标准》（GB/T 14848—2017）替代了《地下水质量标准》（GB/T 14848—1993），并于 2018 年 5 月 1 日起实施。新标准增加了 47 项有机污染物的监测指标，充分考虑了人体健康基准和风险，新标准为全国地下水污染调查评价和国家地下水监测工程实施提供了依据。面临地下水污染现状，我国正逐步强化完善地下水相关的法规、标准、规范，各地应严格执行。但是目前我国还没有一部系统的关于地下水污染防治的法律，需进一步完善地下水污染防治和资源保护的法律体系建设。

3.1.2　地下水污染防治技术发展

从 20 世纪 70 年代开始，欧美一些发达国家在化工行业及填埋场污染地下水的修复材料、技术和装备方面进行了一系列的研究，积累了较多的经验。荷兰政府在 20 世纪 80 年代就投入 1.5×10^9 美元进行土壤修复技术的研究和工程应用试验；德国政府 1995 年投资 6.0×10^9

美元进行污染土壤修复工程；美国通过超级基金制度从 20 世纪 80 年代初开始，至 2009 年已经投入数百亿美元开展土壤和地下水的修复工作。目前，西方一些发达国家在场地修复技术与装备研发、工程应用以及产业化方面日趋成熟，已将其成功应用于不同污染状态下的场地治理工程，并形成了完备的监管体系、政策法规、技术集成和材料装备产业化的地下水综合防控及治理修复体系，为构建区域典型场地地下水污染修复技术政策体系提供了借鉴。

我国在地下水污染调查及污染物迁移转化模式方面开展了很多基础性工作，在“九五”至“十二五”期间，我国开展了典型化工场地、填埋场、加油站等地下水污染调查、修复和应急处理的相关研究，积累了丰富的理论与技术成果，初步形成了典型行业与场地的地下水污染防治技术体系。在污染物空间刻画方面，形成了系统的污染场地调查、精确识别和风险评估体系；在地下水污染扩散阻断方面，研制了立体防渗、抗腐蚀物理阻截材料，创建了物理化学和生物双层可渗透反应墙等修复技术；在污染场地地下水污染治理方面，针对地下水有机污染、重金属污染等突出问题，研制了双层活性介质材料、双层过硫酸盐缓释材料等多种针对典型场地地下水污染物降解的修复材料，为发展和完善区域地下水污染场地的修复技术体系提供了重要技术支撑。但相对而言，我国地下水污染防治技术体系尚不完善，集成污染防控、风险管控、污染治理修复等技术的具体实践应用还较少。

3.1.3 地下水污染防控体系发展

世界范围的地下水资源正普遍受到由城市化、工业化、农业和矿业活动导致的污染威胁，并出现了一系列的环境地质问题。由于地下含水介质的隐蔽性和埋藏分布的复杂性，为合理解决不断出现的地下水污染问题以及因地下水开采造成的环境负效应，一些发达国家普遍采取“以防为主、防治结合、防重于治”的原则，而地下水污染风险的识别，以及污染风险分区的划分，是最根本的、最具有针对性的，也是最经济有效的预防地下水污染的办法。

美国早在 1988 年就提出地下水保护策略和划分地下水污染防护区，划分防护区目的是拥有足够的时间来进行应急响应，以防补给区受到污染。在保护区内，限制或禁止运输和储存危险物质，废物处理，污水处理，工业活动，集约农业、畜牧业和挖掘方面的活动。爱尔兰政府和环保机构在 1999 年提出保护地下水实际有效的方法是建立基于地下水污染评价的地下水污染防治区划体系，地下水污染防治区域的大小和形状取决于水文地质含水层系统的特点。英国在地下水污染风险评价和防治区划中主要考虑三个方面：一是含水层污染脆弱性评价，它代表着含水层对污染负荷的敏感性，主要受控于天然水文地质条件。英国主要采用了由 Foster 和 Skinner 设计的 GOD 方法 (G 为地下水露头，O 为总岩性，D 为到地下水的深度)。二是污染荷载影响评价，可以通过控制土地利用行为加以控制和改变。三是划定地下水供水水源卫生防护带，它是根据病原体从水源头向外运移的时间来确定，英国采用 (或建议)50 d 和 400 d 的运移等时线确定地下水供水的两个防护带。此外，积极探索脆弱性评价、污染影响评价以及地下水水源卫生防护带划定的综合分析评价理论、模型和方法。这些探索对于完善地下水的脆弱性评价和污染风险评价方法来说都是非常有意义的。

我国长期以来地下水保护方面的工作大多集中于地下水资源开采利用及保护、地面沉降及地质灾害防控等方面，对地下水污染防控缺乏足够的重视，尤其缺乏对污染地下水空间分布的有效识别和重要污染区域的明确界定，这成为制约地下水环境保护、污染防控及管理工作的主要障碍。国内开展地下水污染防治方面的工作起步较晚，始于 21 世纪初。水利部于 2005 年组织开展了全国的地下水功能区划工作，编写了《地下水功能区划分技术大纲》，提出了地下水的二级功能区划体系和划分依据。全国各省份均进行了功能区划分，大部分省份的结果通过了审查，有些省份的区划结果已正式发表。中国地质调查局于 2006 年编写了《地下水功能评价与区划技术要求》，规定了地下水功能评价工作的基本原则、主要工作内容及评价标准等，并据此在西北地区、华北地区和东北地区的平原开展了此项工作。2011 年，根据《全国地下水污染防治规划（2011—2020 年）》要求，由环境保护部门牵头，全面组织开展浅层地下水环境保护工作。其中，地下水污染防治区划也是重点工作之一，但目前国内对于地下水污染防治的研究主要集中于地下水脆弱性和污染风险评价等方面。国内学者对京津冀地区地下水污染防控体系构建、工业类建设项目地下水污染防控管理体系、榆林市地下水污染及防护治理、华北平原地下水污染特征识别及防控模式、地下水污染迁移模拟及防控技术进行了研究和探讨。区域地下水污染防控体系的构建首先以相关法律法规、制度为基础，结合区域地下水环境特点，通过开展区域地下水污染防治区划、构建及优化地下水污染防控指标体系，提出区域地下水污染防控目标；其次结合地下水环境监测、地下水污染阻控与修复等技术手段，提出地下水污染防控对策及措施，最终达到区域地下水环境质量改善的目的。

总体来说，虽然国内学者和政府逐渐认识到地下水污染防治工作的重要性，但前期工作主要集中于地下水脆弱性和健康风险评估方面，对于地下水污染风险识别和评估尚处于起步阶段，尤其是叠加了地表污染源、人为干扰、地表水等方面的污染风险识别及评估，目前尚没有相关研究报告；而且对于地下水从区域到污染地块层面，均未形成系统、完整的防污性能、污染风险防控体系。

3.2 地下水脆弱性评价研究进展

3.2.1 地下水脆弱性概述

地下水脆弱性（Groundwater Vulnerability）最早由法国学者 Margat 于 1968 年提出。由于地下水脆弱性评价工作是环境保护和合理防治城市地下水自然资源破坏方面的一项基础性技术工作，很多专家学者从不同的认知角度对此概念开展了深入研究并加以补充。国内相关学者从20世纪90年代中期才开始关注地下水脆弱性问题并进行相关研究，对其定义多借鉴国外研究成果，也常以“防污性能”“易污染性”等科学术语来替代。

地下水脆弱性指在自然条件下和（或）人类活动影响条件下，地下水系统中某一特定位置受到来自含水层以上某一位置污染物污染的趋势和可能性。它反映了地下水对自然和（或）人类活动影响的应对能力。地下水脆弱性一般分为固有脆弱性（Groundwater Intrinsic Vulnerability）和特殊脆弱性（Groundwater Specific Vulnerability）两种。固有脆弱性，指在天然状态下地下水对污染所表现出的内部固有的敏感属性，它与污染源或污染物的性质和类型无关，仅取决于地下水所处的地质和水文地质条件，是静态、不可变和人为不可控制的；特殊脆弱性，指地下水对特定的污染物或人类活动所表现出的敏感属性，它与污染源和人类活动有关，是动态、可变和人为可控制的。

3.2.2 地下水脆弱性评价方法

目前，国内外学者提出了很多评价地下水脆弱性的方法，如叠置指数法（如DRASTIC、GOD、SI等）、统计方法、过程数学模拟法和模糊数学方法。其中，DRASTIC模型的应用最为广泛和成熟，该模型及其改进模型已广泛应用于美国、加拿大、欧洲、印度、中国等许多国家和地区的潜水和承压水的脆弱性评估，主要适用于孔隙潜水。地下水脆弱性的主要评价方法见表3-1。

DRASTIC模型法为目前最常用的地下水脆弱性评价方法。DRASTIC模型是美国国家环境保护局为保护美国地下水资源而开发的一个标准化系统。该模型是一个经验地下水模型，其根据研究区域的水文地质环境评价含水层的脆弱性。DRASTIC方法主要考虑了以下参数：地下水埋深、含水层的净补给、含水层的岩性、土壤类型、地形、包气带的影响及含水层水力传导系数，该方法被先后用于美国

Wyoming 等地区的地下水脆弱性的评价工作，并被加拿大、南非、欧盟等一些国家和地区采用。DRASTIC 方法还被不同地区用来评价当地的地下水脆弱性，并在应用的过程中结合当地的具体情况进行了改进，如 Todd 等应用改进的 DRASTIC 方法对美国南部 Texas 地区的 Paluxy 含水层的脆弱性进行了评价。Rupert 等还利用硝酸盐氮和亚硝酸盐氮的观测资料并应用统计方法对 DRASTIC 方法的评价结果进行了校正。

表 3-1 地下水脆弱性的主要评价方法

评价方法	叠置指数法	统计方法	过程数学模拟法	模糊数学方法
性质	固有脆弱性或特殊脆弱性	特殊脆弱性	特殊脆弱性	固有脆弱性
对象	浅层地下水	潜水	土壤、包气带	潜水
范围	大范围	大范围	小范围	大范围
结果	定性、半定量或定量	定量	定量	定量

经过长期的研究发展和实践应用，国外大部分有关地下水脆弱性的研究以 DRASTIC 方法为基础，结合地下水模型、污染质运移模型、统计模型、随机模型等数学手段来评价地下水污染，尤其在农业污染的脆弱性研究方面多采用此方法。Rao、Meeks 和 Dean 分别从土壤及包气带的衰减能力、污染质的对流、扩散以及污染质及其代谢物的毒理性等角度，提出了衰减因素指数模型 AF、污染质的渗漏潜势指数评价模型 LPI、分级指数模型 RI。这些模型均被 Tim 等应用于美国艾奥瓦州南部一个农业区农药污染地下水的脆弱性评价中。Keith 等对夏威夷农业区的农药污染地下水脆弱性进行了相当多的研究，从 AF 方法到更精确的 PRZM 模型，并对评价因子和评价结果的不确定性进行了深入探讨，这些都是数学模型法研究的典型例子。另外，国

外对地下水脆弱性评价也研究了多种统计方法，其中 Tesoriero 等用逻辑回归方法和硝酸盐浓度观测资料对美国华盛顿州的 Puget Sound 流域的地下水脆弱性进行了评价；Barber 等和 Alberti 等利用基于贝叶斯条件概率定理的实证权重法分别对澳大利亚 Peel 流域和意大利北部一个地区的地下水脆弱性进行了评价。另外，Marc 等还将一维蒙特卡罗模拟和地理统计结合起来研究了区域尺度上农药污染的地下水脆弱性评价方法，并将该方法应用到瑞士西部 Rhone 河流域，同时还分析了结果的不确定性。

我国地下水脆弱性研究虽起步较晚，但发展很快。目前国内研究大多还局限于地下水污染的单项研究层面，基本以地下水的本质（或固有）脆弱性研究为主，所用的评价方法多为 DRASTIC 法，其中不少是应用 DRASTIC 方法进行地下水评价或对 DRASTIC 方法进行若干改进。包括：杨庆等和姜志群等分别将 DRASTIC 指标体系应用于大连市和大清河流域地下水脆弱性评价；付素蓉等对 DRASTIC 方法进行修改，不用地形、土壤类型和含水层水力传导系数这三个参数，而增加含水层厚度和污染物影响，与其他参数构成新的指标体系来研究城市地下水脆弱性；刘淑芳等应用地下水埋深、黏性土厚度和含水层厚度三个参数作为评价因子对河北平原地下水脆弱性进行了研究，并将评价结果与地下水中的有机氯含量进行了比较。在以上这些研究中，大多数的评价过程与 GIS 技术相结合，刘淑芳等、陈守煜等及林山衫等还在评价过程中应用了模糊数学方法。马金珠等通过我国干旱地区较典型的塔里木盆地南缘地下水脆弱性特征研究，对建立适合于干旱区地下水脆弱性评价的指标体系方面进行了探讨。蔡道基等对使用涕灭威农药地区的地下水脆弱性进行了研究，通过室内模拟实验和田间实验分析了影响涕灭威农药在土壤中残留和运移的各种因子，并与数值模拟结果进行对比，从中找出关键因子，建立了使用涕灭威农药地区的地下水脆弱性指标体系，并将该体系应用于江苏省，该研究是国内对农药地下水脆弱性研究的比较先进的例子。

3.2.3 DRASTIC 地下水脆弱性评价方法改进

传统 DRASTIC 模型具有易于使用，数据要求最低，并且对地下水脆弱性有明确的解释等特点，但在应用过程中也存在一定的局限性，包括个别指标不能反映区域的特征、权重固定、主观性强等，因此在使用时不能生搬硬套，需要根据评价区域的具体状况对模型做适当的改进，使评价结果更加可靠和准确。具体改进方法包括以下几方面：

（1）评价指标的优化

传统 DRASTIC 模型涵盖了饱和带、非饱和带以及传输介质 3 个方面的 7 个评价指标，由于研究区域水文地质条件、基础资料等不同，需要根据实际情况对原有评价指标进行相应的删减或增加新的指标。

Kazakis 等对 DRASTIC 方法进行了改进：用定量参数含水层厚度、土壤中氮的流失和水力阻力取代定性含水层类型参数、土壤介质和包气带介质，得到了两种新方法——DRASTIC-PA 和 DRASTIC-PAN（增加了土地利用类型）。Wu 等在评价宁夏银川北郊地下水脆弱性过程中，由于缺乏敏感性，水文地质参数 *A*、*S*、*T* 和 *C* 被舍弃，用含水层厚度（*T*）取代含水层介质（*A*）。于喜鹏等对较小区域进行脆弱性评价时，没有考虑含水层介质（*A*）和地形坡度（*T*）2 个指标，选取地下水位埋深（*D*）、净补给量（*R*）、土壤介质（*S*）、包气带影响（*I*）和渗透系数（*C*）5 个评价指标。Hao 等评价北京市朝阳区地下水脆弱性时，用含水层的厚度取代含水层的类型，未考虑地形坡度指标，增加了地下水开采及土地利用类型 2 个指标。廖曼等评价某平原区地下水脆弱性时，研究分析发现研究区域的地形差异小，含水层介质（*A*）与渗透系数（*C*）之间存在部分重叠，未考虑含水层介质（*A*）与渗透系数（*C*），并采用经验值与实际硝酸盐浓度共同确定指标评分。Busico 等使用了 4 种不同的方法（SINTACS、AVI、

LOS 和改进的 SINTACS）应用于意大利南部的坎帕尼亚平原的地下水脆弱性评价，结果表明改进的 SINTACS 方法相对于其他方法（SINTACS、AVI 和 LOS）表现出更好的性能。Bai 等根据包头市水文地质条件，增加含水层厚度指标，剔除含水层介质，用传输系数取代含水层渗透系数。Huan 等在确定吉林市地下水脆弱性评价指标时，舍弃了 2 个评价指标（含水层介质和地形坡度），增加了 3 个指标（含水层厚度、地下水流速及土地利用类型），从而构建了 DRSIHVL 模型。马天海等在对苏州市的地下水脆弱性进行分析研究时，不考虑 3 个指标：地形坡度、含水层介质及含水层渗透系数；合并处理 2 个指标：土壤介质和包气带介质；新增 2 个指标：地下水开采量和含水层厚度。

（2）指标权重的优化

每个指标的相对重要性是通过综合评估指标中的权重进行综合衡量的，并对其进行量化。某评价指标的权重值越大，代表该评价指标越重要，其对地下水污染风险的贡献也就越大。因此，对评价体系中指标权重的分配会影响评价结果的准确性，权重分配是研究地下水污染风险评价的核心技术。确定权重的方法有两类：①主观赋权法，研究者根据个人工作经验及研究区域实际情况特点来主观判断各个评价指标的相对重要性，并对其进行主观打分来最终确定指标权重。主观赋权法可以使指标权重值的确定具有较大的灵活性，不再一成不变，但也有一定的统计弊端，主要表现为主观性和随意性，这是因为不同研究者的专业知识和对实际情况的了解深度不同。主要方法有层次分析法（AHP）、德尔菲法（Delphi）等。②客观赋权法，该方法基于研究区域的实际客观统计数据，具有较强的数学理论依据，可以有效避免一些人为因素带来的误差，但是这种方法实际上是将统计数据当成“黑匣子”来处理，并不涉及各个指标的物理概念，其精度取决于统计数据的精准程度，主要方法有熵权系数法、主成分分析法、因子分析法、主成分—因子分析法等。

Hao 等评价北京市朝阳区的地下水脆弱性时，为了使各个评价指标的权重更加合理，综合利用熵权法、层次分析法等多种方法计算指标权重。雷静等充分利用主成分分析和因子分析方法的优势对固有权重进行改进，计算得到各指标的权重，进而评价唐山市地下水脆弱性。马天海等在评价苏州市浅层地下水的脆弱性中，引入熵权系数法计算评价指标的权重。Nadiri 等还在评价地下水脆弱性中，使用人工智能技术（如 SVM、FL、GEP、NF、ANN 等）优化 DRASTIC 模型，使评价结果更加真实、可靠。

（3）评分和分类方法的优化

除了评价指标和权重，评价指标的分值及结果的分类也是影响地下水脆弱性评价结果的重要因素。Huan、Neshat 等采用经验值与实际硝酸盐浓度共同确定指标评分，并通过敏感度分析，比较两种权重的差异，从而确定评价结果的好坏。Bai 等在评价包头市地下水脆弱性中，引入扩张理论分级最终的脆弱性指数。廖曼等在评价淮河流域浅层地下水脆弱性中，通过实际硝酸盐浓度优化经验值来确定评价指标评分。Kazakis 等使用硝酸盐浓度相关性和 4 种分级方法优化了每个参数的类别范围和最终指数的分级。

3.3 地下水污染风险评价研究进展

3.3.1 地下水污染影响因素分析

地下水污染主要受地表污染源、土壤、包气带、含水层及人类活动等的影响，污染源通过降雨淋溶、水体交换、入渗等途径，经土壤、包气带后进入地下含水层，表现为自然因素和人为活动共同影响地下水的脆弱性和污染风险。具体影响因素及关键表征见表 3-2。

（1）自然因素

考虑污染物运移的路径——地表、包气带（土壤和土壤以下）和含水层，分析自然因素对地下水脆弱性的影响。

表 3-2 地下水污染影响因素及其表征

影响因素		影响表征
自然因素	地表	地形坡度，河网密度，地表水和地下水是否存在水力联系；地表水和地下水的交换水量，灌溉水量，灌溉系数
	气候	年降水量，年蒸发量，降水入渗补给系数，大气湿度，大气温度
	土壤	结构，厚度，含水量，渗透性，有机物含量，黏土矿物含量
	包气带	结构，渗透性，水运移时间，黏土层厚度
	含水层	岩性，渗透性，单井出水量，厚度，分布连续性，和相邻隔水层的水力联系，储水量，给水度，地下水位埋深
人为因素	土地利用	植物覆盖程度，土地利用类型
	人类活动强度	人口密度，地下水需水量，泉水衰减率，地表水利用率
	地下水开采	地下水开采强度，允许开采量，地下水位降幅，需水量 / 供水量，地面沉降面积
特定污染物	污染物在包气带的迁移转化规律	吸附容量，阻滞因子，削减半衰期，生物化学转化速率
	污染物在含水层的迁移转化规律	稀释衰减速率，生物化学转化速率

1）地表

①地形坡度。指地表面的倾斜程度，它可以控制污染物的迁移和积累过程。如果坡度较陡，污染物易随降水和灌溉水等载体而迁移，则不易渗入地表以下，地下水脆弱性较低；反之则较高。

②地下水净补给量。指从地表单位面积内渗入地下水面的水量，是脆弱性评估中最不容易确定的因素。地下水补给源不仅是地下水污染物迁移的载体，而且能起到一定的稀释作用。地下水补给对地下水脆弱性具有双重影响：净补给量越大，携带的污染物量也就越大，但同

时污染物被稀释的可能性也会增加，所以这两种相反的作用联合决定了净补给量对地下水脆弱性的影响。大部分实际情况下，评估区内的地下水净补给量不会大到可以产生稀释作用，所以一般采用简化的方法表示净补给量对地下水脆弱性的影响，即净补给量越大，污染物进入地下水的可能性越大，地下水的脆弱性越高。

净补给量通常由降水量、河流补给量、渠系渗流量、灌溉回渗量、回灌水入渗量等补给源组成。这些补给源都具有年内和年际变化，因此净补给量是随时间变化的物理量，地下水脆弱性也因此存在着动态变化。净补给量可根据水均衡方程来估计，但结果精度不高。降水量在地下水补给量组成中占绝对优势的情况下，一般采用降水入渗量代替净补给量，用降水量乘以降水入渗系数可获得降水入渗量。

③河水与地下水相互作用。对于流域来说，地下水和河流（两水）的相互作用是影响流域地下水脆弱性的一个重要因素。与地下水和河流相互作用弱的地段相比，河流中的污染物更容易对两水相互作用强的地段的地下水环境造成威胁，导致地下水脆弱性升高。因此将地下水和河流的交换量作为定量评估指标，两水交换量越大，地下水脆弱性越高。在评估方法上，首先通过水位动态资料和水化学资料具体分析河流与地下水的补排关系，然后采用地下水动力学法、解析法或数值法计算交换量。一般需要多种方法相互验证，以取得较满意的效果。

④河网密度。河网密度为单位面积内河道总长度。水系密布性与DEM（数字高程模型）的分辨率有关，当分辨率较低时，某些小河道就无法表达出来，反之则能表达出来。在地表水与地下水有密切水力联系的地区，地表水是地下水的一个重要补给来源。地表水系发达地区的地下水不仅可以接受地表水下渗的补给，还受河流侧向补排的影响。此外，包气带土层也受到河网切割侵蚀的影响。一般认为，河网越稀疏的地区，地下水脆弱性越低。

2）包气带

包气带是污染物从地表进入含水层的第一道屏障，土壤黏土矿物含量、有机质含量、含水量、土壤类型与分布、包气带介质类型、厚度、结构、区域分布特征等都是地下水脆弱性的影响因素。

①土壤黏土矿物含量。土壤黏土矿物含量越多，其吸附能力越强，对含水层起到的防护作用就越强，地下水脆弱性也就越低。

②有机质含量。有机质含量制约着微生物作用的强度，有机质含量越高，能够转化的污染物总量就越高，地下水脆弱性也就越低。

③含水量。含水量越高，水中污染物在迁移时受到的阻力越大，当入渗水量小于持水量与原自然持水量的差值时，入渗水易发生迁移中断，且这个差距越大，中断位置越浅，地下水脆弱性也就越低。

④包气带介质类型。包气带介质类型对土壤层以下、地下水位以上地段污染物的衰减具有重要影响。介质类型控制着污染物的渗透途径和渗流长度，并影响污染物衰减和与介质接触的时间。颗粒结构越细、介质越密实、孔隙度越小，包气带渗透性就越差，防护能力就越强，地下水脆弱性也就越低。

⑤包气带厚度。包气带厚度决定了污染物进入含水层所必经的路程，包气带厚度越小，地下水位埋深越浅，污染物和包气带介质发生各种物理、化学、生物作用的机会和时间就会越少，地下水的脆弱性也就越高。

⑥黏土层厚度及其分布特征。黏土层相比于其他介质更容易对地下水污染物进行截滞，使其转化和积累，从而降低地下水受污染的可能性。黏土层越厚，污染物到达含水层的时间越长，污染物接受稀释和降解的机会就越多，即起到的防护作用就越好，地下水的脆弱性也就越低。

3）含水层

①含水层厚度。含水层厚度决定了含水层对污染物的稀释能力。含水层越厚，对污染物的稀释作用越强，地下水的脆弱性就越低。

②含水层渗透系数。岩石的颗粒越大，或是存在与含水层有密切

水力联系的断裂构造（节理和断层），含水层渗透性越好，地下水的脆弱性越高。

在松散含水层中，渗透性取决于岩石颗粒类型和细颗粒物质含量；在裂隙或岩溶含水层中，渗透性取决于断层面和层理面的原生空隙和次生空隙的数量。断裂带的性质、产状、宽度、富水性及导水性等是影响地下水脆弱性的主要因素。

③含水层富水性。含水层富水性决定了含水层对污染物的稀释能力。含水层富水性通常用降深 5 m 的单井涌水量来表示。含水层富水性越强，对污染物的稀释作用越强，地下水的脆弱性就越低。

（2）人为因素

1）土地利用类型

土地利用类型是土地利用空间的地域组成单元。这种空间地域单元是土地利用的地域组合单位，表现人类对土地利用和改造的方式和成果，反映土地的利用形式和功能。地下水系统对土地利用类型具有不同程度的响应。土地利用方式对污染物进入地下水的方式和过程也具有影响。

土地利用类型可以分为耕地、水体、林地、工矿、居民用地、未利用土地等。耕地对地下水脆弱性的影响主要体现在农作物上施用的化肥和农药入渗污染地下水，耕地面积越大，植物耕种的密度越大，施用的化肥和农药就越多，对地下水的威胁也就越大。例如，耕地范围内的地下水中的“三氮”污染物浓度高于其他区域。研究区可能与地下水存在联系的主要地表水有河流、湖泊和水库。在地表水与地下水的水力联系密切之处,地表水的污染容易对地下水脆弱性产生影响。工矿用地和居民用地主要包括城镇用地、农村居民点用地和建设用地。城市内市政建设对降雨的入渗和蒸发影响明显；工业区污染物的排放方式对地下水的水质影响明显。

2）地下水开发利用

地下水开发利用是引起地下水系统水量和水位变化的最主要的人

为影响因素，也是污染物运移的动力和载体。地下水位的高低可能伴随一系列环境负效应，如地下水位过高会引起土壤盐渍沼泽化，地下水位过低会产生降落漏斗、地面沉降、海水入侵、地下水水质恶化等问题。地下水实际开采量增大时，地表至抽水井间的水文地球化学作用及水动力条件将发生改变。抽水井附近的水位下降，在水力梯度作用下，随地下水流对流扩散的污染物改变原有浓度空间分布特征，在抽水井处汇集，使得该处的污染物浓度上升，增强了地下水的脆弱性。

3）人口密度

人口密度对地下水的脆弱性的影响体现在：①人口密度越大，用水量就越大，对地下水的开采量就会越大，也就越易于加剧地下水超采的可能性；②人口密度越大，经济技术活动强度越大，地下水的脆弱性越高，地下水遭受污染的可能性就越大。

3.3.2 污染影响途径分析

（1）地下水污染途径分类

地下水污染途径是指污染物从污染源进入地下水所经过的路径。研究地下水的污染途径有助于了解该地区地下水污染的特征，其分类见表 3-3。

表 3-3 地下水污染途径分类

类型			污染途径	污染来源
Ⅰ	间歇入渗型	Ⅰ1	降雨对固体废物的淋滤	工业和生活固体废物
		Ⅰ2	矿区疏干地带的淋滤和溶解	疏干地带的易溶矿物
		Ⅰ3	灌溉水及降水对农田的淋滤	主要是农田表层土壤残留的农药、化肥及易溶盐类
Ⅱ	连续入渗型	Ⅱ1	渠、坑等污水的渗漏	各种污水及化学液体
		Ⅱ2	受污染地表水的渗漏	受污染的地表水体
		Ⅱ3	地下排污管道的渗漏	各种污水

续表

类型			污染途径	污染来源
Ⅲ	越流型	Ⅲ1	地下水开采引起的层间越流	受污染的含水层或天然咸水等
		Ⅲ2	水文地质天窗的越流	受污染的含水层或天然咸水等
		Ⅲ3	经井管的越流	受污染的含水层或天然咸水等
Ⅳ	径流型	Ⅳ1	通过岩溶发育通道的径流	各种污水或被污染的地表水
		Ⅳ2	通过废水处理井的径流	各种污水
		Ⅳ3	盐水入侵	海水或地下咸水

注：引自《地下水污染模拟预测评估工作指南》（试行）。

1）间歇入渗型

间歇入渗型的特点是污染物通过大气降水或灌溉水的淋滤，使固体废物、表层土壤或地层中的有毒或有害物质周期性（降雨时、灌溉旱田）从污染源通过包气带土层渗入含水层。在进行污染途径研究时，首先要分析固体废物、土壤及污水的化学成分，最好能取得通过包气带的淋滤液。此类污染无论在其范围还是浓度上，均可能有明显的季节性变化，受污染的对象主要是浅层地下水。

2）连续入渗型

连续入渗型的特点是污染物随各种液体废弃物不断经包气带渗入含水层，这种情况下或者包气带完全饱水而呈连续入渗的形式，或者包气带上部的表层土完全饱水呈连续渗流形式，而下部（下包气带）呈非饱水的淋雨状的渗流形式渗入含水层。最常见的是污水蓄积地段的渗漏以及被污染的地表水和污水渠的渗漏，这种类型的污染对象主要是浅层地下水。

3）越流型

越流型的特点是污染物通过层间越流的形式转入其他含水层。这种转移或者通过天然途径（水文地质天窗），或者通过人为途径（结构不合理的井管、破损的老井管等），又或者因为人为开采引起的地下水动力条件的变化而改变了越流方向，使污染物通过大面积的弱隔水层越流转移到其他含水层。其污染来源可能是地下水环境本身或外来影响，并可能污染承压水或潜水。

4）径流型

径流型的特点是污染物通过地下水径流的形式进入含水层，或者通过废水处理井，或者通过岩溶发育的巨大岩溶通道，或者通过废液地下储存层的隔离层的破裂进入其他含水层。海水入侵是海岸地区地下淡水超采而造成海水向陆地流动的地下径流。此种形式的污染可能污染潜水或承压水。

（2）污染物迁移归趋分析

污染物从污染源进入地下水，主要通过对流、弥散、扩散、吸附等作用得到迁移、扩散或者分解。

1）污染物在包气带和饱和带中的迁移转化规律

地表污染物在包气带和饱和带中随水流的对流，其弥散过程以及迁移转化过程见图 3-1。

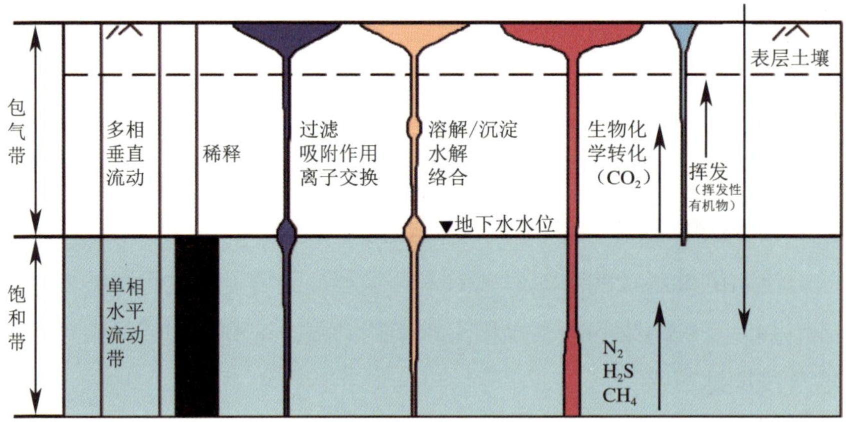

注：线条的粗细表明这些过程在地下不同区域的相对重要性。

图 3-1　地下水污染物转化过程示意图

在包气带中以多相垂直流动为主，吸附、溶解沉淀、生物化学转化等是表层土壤污染物的主要转化过程，在表层土壤以下的包气带土层中有所减弱；在饱和带中以水流水平流动为主，稀释是污染物最主要的转化过程。

2）污染物迁移归趋过程及影响因素分析

污染物迁移，是指污染物在环境中的物理过程，包括污染物的分配、溶解、挥发、吸附等过程，在此过程中，污染物的结构未发生变化；污染物转化，是指有机物的生物化学过程，包括光降解、水解、氧化还原和生物降解、富集等过程，在此过程中，污染物的结构会发生变化。

不同种类的污染物在地下水系统中的迁移转化规律不同。但是控制污染物迁移转化的重要机理都是污染物的扩散—弥散过程，改变地下水中污染物浓度的主要过程包括吸附—解吸、对流—弥散、生物降解等。其迁移、转化、最后归趋的过程、影响因素及作用见表 3-4。

表 3-4　污染物迁移与归趋影响分析

过程	描述	影响因素	作用
对流	地下水整体运动所引起的溶质运动	取决于含水层的特征，主要有水力传导系数、有效孔隙度、水力梯度；与污染物的特性无关	驱动地表下污染物运动的主要机制
弥散	由于地下水运动和含水层的各向异性而引起的混合作用	取决于含水层特性和观测尺度；与污染物的特性无关	引起污染物的纵向、横向和垂向迁移；降低溶质的含量
扩散	由于分子扩散而引起的污染物迁移和稀释	取决于污染物的特性和浓度梯度，用 Fick 定律进行描述	污染物从较高浓度区域向较低浓度区域扩散；与大多数地下水流动速度相比通常不重要

续表

过程	描述	影响因素	作用
吸附	含水介质与溶质间的反应，相对憎水的有机化合物被吸附到有机碳和黏土矿物上	取决于含水介质的特征：有机碳含量和黏土矿物含量、容重、比表面积、总孔隙度、污染物特性（溶解度、憎水性、辛醇—水分配系数）	倾向于降低表面溶质的迁移速度；通过吸附将溶质从地下水中去除
补给（简单稀释）	穿过地下水位而进入饱水带的水运动	取决于含水介质的特征、地下水的深度、地表水的相互作用、气候	导致污染物羽状流束的稀释，可能增加电子受体的浓度，特别是溶解氧的浓度
挥发	溶解在地下水中的污染物挥发进入蒸气相（土壤气相）	取决于化学物质的蒸气压和 Henry 定律的常数	将污染物从地下水中去除，并转移到土壤气相中；对大多数地下水系统通常不重要
生物降解	以微生物为媒介的氧化还原反应，能降解污染物	取决于地下水地球化学条件、微生物群落、污染物特性；微生物降解在好氧和/或厌氧条件下发生	可能最终导致污染物的完全降解；是重要的作用过程，能够真正地降低污染物的数量
非生物降解	没有微生物作用的情况下降解污染物的化学转化过程	取决于污染物特性和地下水地球化学条件	能导致污染物部分或完全降解；速度比生物降解的速度慢得多

① 吸附作用。污染物在含水层中运移时，由于介质的吸附，某些污染物数量减少。

许多污染物包括重金属、氯代烃溶剂、苯、甲苯、乙苯和二甲苯，由于被吸附到含水介质颗粒上而从溶液中去除。吸附作用是溶解性污染物从地下水中分离出来并黏附到组成含水介质的颗粒上的过程。溶解性污染物吸附到含水介质上的作用，导致污染物运移速度的降低，使得污染物以低于地下水平均流速的速度运移。吸附作用主要包括机械过滤、物理吸附、化学吸附、生物吸附等，且吸附作用是一个可逆反应过程。吸附作用对于含水层中污染物的迁移、转化及归宿至关重要。

② 弥散作用。在多孔介质中，当存在两种或两种以上可混溶的流体时，在流体运动作用下其间出现过渡带，并使浓度趋于平均化的现象称为多孔介质中的水动力弥散现象，简称弥散现象。形成弥散现象的作用，简称弥散作用。水动力弥散过程主要是分子扩散、对流与机械弥散结合的结果。

③ 对流作用。对流扩散是指污染物质点在含水层中以地下水平均实际流速传播的现象。水平迁移是指溶质随着地下水的总体运动而转移的过程。对流是溶解性污染物在饱水介质中迁移的最重要过程之一。

④ 生物降解作用。有机物在地下环境的迁移过程中，生物降解可能是一种重要的机理。生物降解是指有机污染物在细菌作用下，从大分子分解成小分子，从有毒（或有害）转变为无毒（或无害），最后变为二氧化碳、水、甲烷等的过程。

3.3.3 地下水污染源荷载评价方法

污染荷载评估，即对人类活动和各种污染源污染地下水的可能性及负荷量的评估。污染荷载风险是指各种污染源对地下水产生污染的可能性。它取决于人为污染源的类型、位置、规模以及污染物的迁移转化规律等。从污染源本身的污染特性来说，污染荷载等级主要取决于污染的可能性和污染的严重性两个方面。污染的可能性指污染源产生的污染物到达地下水并且污染地下水的概率，包括污染源种类、排放方式、排放量、特征污染物类别和性质、排放规模以及防护措施、污染物的存在形式、迁移性、衰减特征以及毒性等。

区域内工业、农业、生活等地表人为污染源可能通过多种途径入渗、越流而进入地下水，尤其是浅层地下水，使地下水遭受到污染的可能性大大增加。因此，必须首先全面摸清研究区域内地表污染源的种类、特征及性质，其次通过建立污染源荷载评估指标体系，评估地下水受污染源污染风险的高低。

相较于地下水脆弱性评价，对于污染源荷载评价的研究较少，评价方法也比较少，这可归因于污染源类型、规模和相关污染物类型的多样性以及污染事件的随机性。

张佳文等采用了污染物产生量、污染源种类及污染物释放的可能性 3 个因素构建了污染源荷载的评价模型。申利娜等在对某水源地污染源对地下水环境的影响进行研究时，基于模糊层次分析法，选择毒性、衰减特征以及迁移特征等 5 个评价指标构建了评价体系。王俊杰等提出一套量化污染源的思路，即将污染物的危害与排放叠加，以获得污染源的危害，并对具有其自身属性（毒性、迁移性、降解性）的污染物的危害进行量化。Sege 等针对目前污染危害信息收集的两个局限（数据收集耗时和污染清单不会定期更新），提出了一种基于网络的软件平台的污染风险评价方法，使用带有 GPS 的智能手机收集现场的污染危害参数，并将新信息快速导入软件平台，数据库中信息的新增、更改或删除都会反映在风险模型中，而且每天都会重新计算。于喜鹏等在评价有机污染潜在风险时，选择了污染源存在形式、污染物的量及毒性等 6 个因素。李娟等在研究场地地下水污染源分级评价方法中，通过污染因子综合评价指标、污染源严重性排放方式、防护措施等 7 个因素构成污染源指标体系，并耦合污染源和场地包气带特征因子，构建了污染源评价体系。

此外，在评价过程中，可能会由于基础数据、评价指标权重、模型参数等存在不确定性，致使评价结果不准确或存在很多不确定性，所以需要对评价结果进行进一步研究分析，使其更加准确可靠。目前，许多验证方法也已经被提出，如地下水硝酸盐浓度验证法、地下水质量分析法、地下水流模型验证法、统计方法和敏感性分析法。其中，比较常用的是地下水硝酸盐浓度验证法。

Kumar 等采用两种敏感度分析方法（地图移除参数分析法和单参数敏感分析法）对脆弱性评价参数的有效性以及合理性进行分析，并用 Spearman 相关系数（ρ）和 ROC 曲线分析评价结果与硝酸盐浓度之间的关系，结果表明包气带、地下水位埋深、含水层渗透系数和土地利用类型是影响地下水污染最敏感的因素，DRASTIC-LU 模型比 DRASTIC 模型能够更好地评价地下水的污染脆弱性。Yang 等在评价江汉平原的脆弱性中，采用统计方法（包括皮尔逊相关系数和方差分析 F 统计量）分析不同评价模型的评价结果，并采用单参数敏感分析法来分析权重的合理性。李定龙等对常州市地下水脆弱性评价模型进行灵敏度分析，结果显示用于区域浅层地下水脆弱性评价的 17 个指标中有 16 个具有较高的灵敏度，说明常州市浅层地下水脆弱性评价指标的选择合理。Souleymane 等评价马里的塞内加尔河流域脆弱性时，采用了两种敏感度分析方法对评价结果进行验证。

3.3.4 地下水污染风险评价方法

地下水污染风险的评价和研究是在地下水脆弱性的研究基础上不断延伸发展出来的。迄今为止，国内外学者已经做了大量的相关研究工作来建立和摸索评价的模型和评价的指标体系，但是对地下水污染风险还是没有形成高标准的定义，甚至还没有完全形成一套高标准的污染风险评价方法。总体来说，地下水污染风险的评价主要经历了以下几个阶段：

（1）仅以地下水脆弱性为评价指标来评价地下水污染风险

固有脆弱性反映了含水层自身对外来污染物的直接抵抗能力，即含水层有效抵御了来自地表其他污染源环境中的外来污染物直接进入地下水的能力。早期对于地下水风险评价的理论和研究都仅仅考虑地下水的本质脆弱性，没有考虑土地利用类型、污染源荷载等其他影响因素。董亮等基于 CRASS 软件和 DRASTIC 模型评价西湖流域的地下水污染风险。江海浩等耦合地下水固有脆弱性和特殊脆弱性，并结合层次分析法，评价了地下水受 U(Ⅵ) 污染的风险并进行了污染风险等级划分。

（2）地下水固有脆弱性与污染危害叠加评价地下水污染风险

随着对地下水研究的不断深入，人们也进一步意识到地下水污染风险是地下水易污性与人为造成的地表污染之间互相影响和作用的综合结果。地下水污染风险评价不仅要考虑地下水系统自身抵御外来环境污染的能力，还要充分考虑人类活动所直接或间接造成的污染源负荷。例如，某部分区域的地下水系统脆弱性很高，但是该部分区域的地表周边没有任何污染源，也没有任何污染物进入地下环境，因此该部分区域就没有地下水污染风险；而另一部分区域含水层脆弱性很低，但该部分区域的地表存在大量的地下水污染源，污染物很快就有可能直接进入地下环境，因此该区域就有相对较大的地下水污染风险。

申利娜等针对北方某大型水源地，构建了叠加地下水脆弱性与地下水污染源综合评价的耦合模型，并对水源地进行风险评价及区划。张雪刚等基于江苏省张集地区的土地利用类型，综合利用 GRADICL 法来评价地下水污染风险。Busico 和 Kazakis 等将地下水污染风险定义为在特定情况下特定事件发生的程度和可能性，并通过分析叠加危害和脆弱性 2 个因素来实现地下水污染风险评价。Nektarios 等主要考虑了 15 个干扰污染物从地下水污染源到地下水的主要污染途径的影响因素，结合了 GIS 的数据分析和数值工具，提出了一种基于自然地质和人类活动之间的相互作用的综合评估地下水污染风险的方法。

（3）地下水固有脆弱性、污染危害和地下水价值叠加评价地下水污染风险

王红娜等的研究综合了地下水价值、污染源负荷、地下水本质脆弱性及地下水源保护区等多个关键指标，运用两种不同的组合方式和同一套基础数据对北京市平原区地下水污染风险进行了分析研究。郭高轩等评价北京市平原区的地下水污染风险时，有针对性地分析和选取了地下水污染现状、污染源荷载、地下水防污性能以及地下水质量 4 个重要指标作为污染风险评价因子。Wu 等基于 DRASTIC 模型，提出了经过改进的 DRTILSQ 模型，从地下水固有脆弱性、污染负荷和地下水价值 3 个方面对银川北郊地下水污染风险进行评价。孙法圣等提出了基于物理过程的地下水污染风险评价方法，并以某尾矿区为实例，模拟了污染物在包气带中的迁移转化过程及规律，得出了风险水平和污染物浓度在包气带的时间和空间上的分布及变化规律。Wang 等以北京平原区为例，通过叠加危害图和固有脆弱性图生成基本风险专题图，叠加基本风险专题图和地下水价值图两个图层来生成价值加权风险专题图，最终设计形成了 3 个基本因素和两个风险的专题图，结果表明与基本地下水污染风险专题图相比，通过综合考虑基本污染和外部地下水开采问题，价值加权地下水污染风险专题图更加全面和具有针对性。Li 等根据浅层地下水和深层地下水的不同特征，构建了两套四级评价指标体系，对天津市南水北调工程取水区浅层地下水和深层地下水的危险性进行了评价。

综上所述，对于地下水污染风险评价的研究，主要是基于地下水脆弱性的评价，然后叠加危害因素（包括诸如土地利用状况、污染源荷载等），最后再与地下水功能价值因素叠加。主要从 3 个方面来对地下水污染风险进行评价：①固有脆弱性评价，以表征地下含水层自身对外来污染物的直接抵抗能力；②危害评价，以间接表征地表污染源对地下环境的破坏性影响；③地下水功能价值评价。

4

基于 DRASTIC 模型的地下水脆弱性和污染风险评价
——以上海市为例

本章基于适用于孔隙水的地下水脆弱性评价 DRASTIC 模型方法体系，以典型平原河网地区，上海市为例，系统梳理分析上海市水文地质及浅部地层条件和参数，收集整理地下水重点污染源类型及数据，采用 DRASTIC 模型开展地下水脆弱性评价，并叠加污染源荷载评价，形成地下水污染风险评价方法体系，评估上海市地下水污染风险。

4.1 基于 DRASTIC 模型的地下水脆弱性评价

4.1.1 DRASTIC 模型的指标体系

DRASTIC 模型假设污染物由地表起，经土壤层和包气带进入含水层；污染物随降水入渗到地下水中；污染物随水流动；评估区面积不小于 4.05×10^5 m²。DRASTIC 模型包括 7 个参数，分别为地下水位埋深（*D*）、净补给量（*R*）、含水层厚度（*A*）、土壤介质（*S*）、地形坡度（*T*）、包气带介质（*I*）、含水层渗透系数（*C*）。这些参数都分成几个区段（对于连续变量）或几种主要介质类型（对于文字描述性指标），每个区段根据其在指标内的相对重要性被赋予评分，评分范围均为 1～10。

每个指标根据其对脆弱性影响重要性被赋予相应权重，最后脆弱性指数为 7 个指标的加权综合（*DI*）：

$$DI=D_wD_R+R_wR_R+A_wA_R+S_wS_R+T_wT_R+I_wI_R+C_wC_R \quad (4-1)$$

式中，*W* 表示指标权重；下标 *R* 表示指标值。

DI 值范围通常为 23～200。*DI* 值越高，表示地下水脆弱性越高，即地下水越脆弱。DRASTIC 模型各指标说明见表 4-1。

表 4-1　DRASTIC 模型各指标说明

指标	数据来源	说明
地下水位埋深（*D*）	水平年高水位期地下水水位统测资料	地下水位埋深指地表到潜水面的距离，单位为 m，精度至少满足 1∶50 000
净补给量（*R*）	降水量减去地表径流量和蒸散量或降水量，再乘以降水入渗系数	以大气降水为区域潜水补给最主要来源时，可近似采用降水入渗补给量代替垂向净补给量；在有其他主要的补给途径时，要综合考虑各种补给来源对潜水的补给量。在农灌区需叠加灌溉回归量，在地表水和地下水有水力联系的评价区需叠加地表水渗漏量。单位为 mm/a
含水层厚度（*A*）	含水层顶底板等值线图或钻孔资料	含水层厚度可以从含水层顶、底板等值线图中计算得出，或从钻孔资料分析得出，单位为 m，按每 100 km²2～4 个钻孔分析
土壤介质（*S*）	钻孔柱状图或区域土壤分区图	土壤层为地表厚度 2 m 或小于 2 m 的风化层，按每 100 km²4～10 个钻孔分析
地形坡度（*T*）	DEM 坡度提取	利用 1∶50 000 或 1∶10 000 地形图的 DEM 提取后，在 GIS 中可自动生成坡度值，单位为 %

指标	数据来源	说明
包气带介质（I）	钻孔柱状图或野外剖面	包气带是指潜水水位以上或承压含水层顶板以上、土壤层以下的非饱和区或非连续饱和区的岩层，根据钻孔资料获取包气带介质类型。按每 100 $km^2$4～10 个钻孔分析计算，以专家和有经验的水文地质工作者进行判断定名，或者收集当地国土部门已完成的包气带岩性图
含水层渗透系数（C）	经验值或野外抽水试验	含水层渗透系数从野外抽水试验获取，或从钻孔资料分析得出，按每 100 $km^2$2～4 个钻孔分析，单位为 m/d

4.1.2 DRASTIC 指标分级及赋值

按照 DRASTIC 模型的 7 个指标，梳理上海市水文地质条件，将地下水位埋深、净补给量、含水层厚度、含水层渗透系数等指标进行参数本地化后，再将各指标划分为 10 个等级，并对各等级进行 1～10 的赋值，结果见表 4-2。

4.1.3 DRASTIC 指标权重确定

对于 7 个不同的指标，计算地下水的本质脆弱性，首先要确定各指标的权重。权重反映各评估指标对地下水脆弱性的影响程度，权重越大，表明该指标对地下水脆弱性的相对影响越大，该指标在判断地下水脆弱性时的贡献越大。根据区域特征选取适当、合理的权重是很有必要的。本研究推荐选取层次分析法确定各指标的权重。

设地下水环境脆弱性评估标准有 p 个评估等级，在评估区内共有 n 个控制点，每个控制点要考虑的一级因素有 m 个，每个一级因素又有 K_i（i=1，2，3，…，m）个二级因素。可构建三层层次结构模型：

表 4–2　孔隙潜水本质脆弱性评估指标等级划分和赋值

指标	评分									
	1	2	3	4	5	6	7	8	9	10
D	>3.6	(3.2, 3.6]	(2.8, 3.2]	(2.4, 2.8]	(2.0, 2.4]	(1.6, 2.0]	(1.2, 1.6]	(0.8, 1.2]	(0.4, 0.8]	≤ 0.4
R	≤ 30	(30, 40]	(40, 50]	(50, 60]	(60, 70]	(70, 80]	(80, 90]	(90, 100]	(100, 110]	>110
A	>19.5	(16.2, 19.8]	(13.4, 16.2]	(11.1, 13.4]	(9.2, 11.1]	(7.3, 9.2]	(5.4, 7.3]	(3.6, 5.4]	(2.2, 3.6]	≤ 2.2
S	非胀缩和非凝聚性黏土（岩石）	黏质壤土（黏土）	粉质壤土	壤土	砂质壤土（砂土）	胀缩或凝聚性黏土	粉砂、细砂	砾石 / 中砂、粗砂	卵砾石	薄或缺失
T	>10	(9，10]	(8，9]	(7，8]	(6，7]	(5，6]	(4，5]	(3，4]	(2，3]	[0，2]
I	黏土	亚黏土	亚砂土	粉砂	粉细砂	细砂	中砂	粗砂	沙砾石	卵砾石
C	[0, 0.25]	(0.25, 0.5]	(0.5, 1]	(1, 1.5]	(1.5, 2.0]	(2.0, 2.5]	(2.5, 3.0]	(3.0, 3.5]	(3.5, 4.0]	>4.0

目标层（脆弱性）—约束层（一级评估因素）—指标层（二级评估因素）。模型结构如图 4-1 所示。

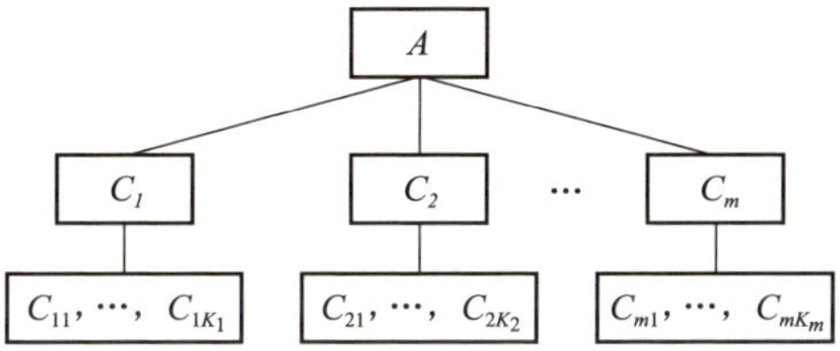

图 4-1　地下水环境脆弱性层次分析模型结构

具体步骤如下：

（1）构造判断矩阵

按各个指标的影响大小，把评估指标集合内的评判指标进行两两比较，并赋予一定的确定值，用 b_{ij} 表示 b_i 对 b_j 的重要性，根据心理学家的研究结果，人们定性区别信息等级的极限为 7±2，故采用如表 4-3 所示的 1～9 比例标度规则。评判矩阵具有如下性质：$b_{ij}>0$，$b_{ij}=1/b_{ji}$；$i=j$ 时，$b_{ij}=1$。

表 4-3　评判规则

标度	含义
1	两因素相比，因素 i，因素 j 具有同样的重要性
3	两因素相比，因素 i 比因素 j 稍微重要
5	两因素相比，因素 i 比因素 j 明显重要
7	两因素相比，因素 i 比因素 j 非常重要
9	两因素相比，因素 i 比因素 j 极端重要
2，4，6，8	上述两项相邻因素判断的中值
倒数	若因素 i 与 j 重要性之比为 n，则因素 j 与 i 重要性之比为 $1/n$

（2）权重确定方法

通过判断矩阵计算出最大特征值所对应的特征向量，该特征向量即为本层次因素相对于上一层次中某因素的相对重要性权值。

计算判断矩阵每一行元素的乘积（M_i）：

$$M_i = \prod_{j=1}^{m} u_{ij} \quad （i，j=1，2，3，\cdots，m）$$

计算 M_i 的 m 次方根（W_i'）：

$$W_i' = \sqrt[m]{M_i}$$

对向量 $W=W_1'，W_2'，W_3'，\cdots，W_m'$ 做正规化处理：

$$W_i = W_i' / (\sum_{j=1}^{m} W_j')$$

$W=（W_1，W_2，W_3，\cdots，W_m）^T$ 为所求特征向量。

计算判断矩阵的最大特征根（λ_{max}）：

$$\lambda_{max} = \sum_{i=1}^{m} \frac{(PW)_i}{nW_i} = \frac{1}{n} \sum_{i=1}^{m} \frac{(PW)_i}{W_i}$$

$(PW)_i$ 表示向量 PW 的第 i 个元素：

$$PW = \begin{bmatrix} (PW)_1 \\ (PW)_2 \\ \cdots \\ (PW)_m \end{bmatrix} = \begin{bmatrix} u_{11} & u_{12} & \cdots & u_{1m} \\ u_{21} & u_{22} & \cdots & u_{2m} \\ \vdots & \vdots & \cdots & \vdots \\ u_{m1} & u_{m2} & \cdots & u_{mn} \end{bmatrix} \begin{bmatrix} W_1 \\ W_2 \\ \vdots \\ W_m \end{bmatrix}$$

（3）权重一致性检验

以上得到的特征向量就是所求的权重，为了检验所得之权重是否合理，还需要对判断矩阵进行一致性检验，检验公式为

$$CR = CI / RI$$

$$CI = \frac{1}{m-1}(\lambda_{max} - m)$$

式中，CR 表示判断矩阵的随机一致性比率；CI 表示判断矩阵的一般一致性指标；RI 表示判断矩阵的平均随机一致性指标。RI 由大量试验给出，对于低阶判断矩阵，RI 取值列于表 4−4 中。

表 4–4　平均随机一致性指标（RI）（1 000 次随机结果）

阶数	1	2	3	4	5	6	7	8	9	10
RI	0.00	0.00	0.58	0.90	1.12	1.24	1.32	1.41	1.45	1.49

对高于 12 阶的判断矩阵，需要进一步查阅资料或采用近似方法。当阶数≤ 2 时，矩阵总有完全一致性；当阶数大于 2 时，如果 CR<0.1，即人为判断矩阵具有满意的一致性，说明权数分配是合理的，否则，就需要调整判断矩阵，直到取得满意的一致性为止。

（4）各指标权重的确定

根据上述权重确定方法，计算所得的本质脆弱性的建议权重见表 4−5。

表 4–5　DRASTIC 模型各权重建议值

指标	*D*	*R*	*A*	*S*	*T*	*I*	*C*
权重	5	4	3	2	1	5	3

4.1.4　DRASTIC 模型脆弱性指标评价结果

4.1.4.1　脆弱性单项指标评价结果

（1）地下水位埋深

基于地下水埋深（*D*）评价指标，评估区内地下水埋深包括 ≤ 2 m 和 2~4 m 两个等级。其中，*D* ≤ 2 m 的面积为 1 513.92 km²，占评估区面积的 23.27%；地下水埋深 2~4 m 的面积为 4 993.07 km²，占评估区面积的 76.73%（表 4−6）。

表 4-6　评估区地下水埋深分级结果

地下水位埋深（D）	指标评分	面积 /km²	占评估区百分比 /%
(2，4]	9	4 993.07	76.73
≤ 2	10	1 513.92	23.27
合计		6 506.99	100.00

从分布上看，$D \leqslant 2$ m 的区域主要包括五大条带，第一条带横贯青浦北部、嘉定中部和宝山中部；第二条带主要分布在松江中北部，青浦南部、闵行中部也有少量分布；第三条带主要分布在金山、奉贤、松江三区交界处；第四条带分布在浦东东南部；第五条带分布在横沙岛和长兴岛大部分区域。对于上海其他地区，D 介于 2～4 m，如图 4-2 所示。

（2）净补给量

基于地下水净补给量（R）评价指标，评估区的地下水净补给量包括三个等级：178～216 mm/a、216～235 mm/a 和 >235 mm/a。三者的面积依次为 1 730.35 km²、4 311.79 km² 和 464.85 km²，占评估区面积百分比依次为 26.59%、66.26% 和 7.14%。具体见表 4-7。

表 4-7　评估区地下水补给量分级结果

地下水垂向净补给量（R）	指标评分	面积 /km²	占评估区百分比 /%
(178，216]	8	1 730.35	26.59
(216，235]	9	4 311.79	66.27
>235	10	464.85	7.14
合计		6 506.99	100.00

从分布上看，青浦、松江、金山北部和嘉定西南边缘的地下水净

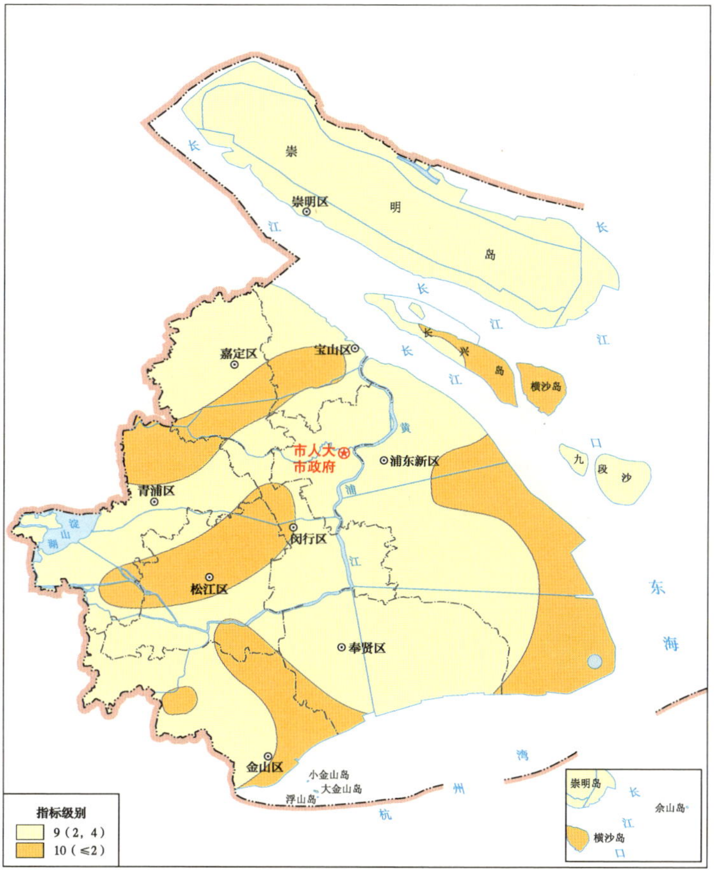

图 4–2　评估区地下水埋深分级

补给量为 178～216 mm/a；奉贤、浦东南缘、宝山、浦东交界、嘉定北缘和崇明西部、东部区域的地下水净补给量 >235 mm/a；其他各区的地下水净补给量均为 216～235 mm/a，见图 4–3。

（3）地形坡度

基于地形坡度（*T*）评价指标，评估区包括 10 个地形坡度等级，其中，>2% 区域的面积为 141.12 km²，仅占评估区面积的 2.17%；0%～2% 区域的面积为 6 365.87 km²，占评估区范围的 97.83%。具体见表 4–8。

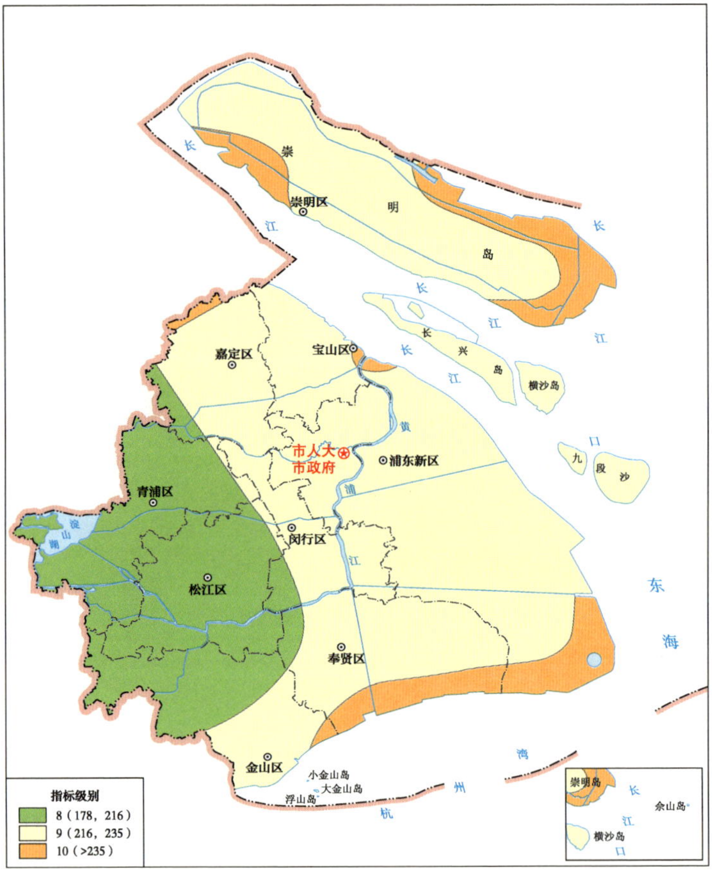

图 4-3　评估区地下水补给量分级

表 4-8　评估区地形坡度分级结果

地形坡度（*T*）	指标评分	面积 /km²	占评估区百分比 /%
>10	1	4.53	0.07
(9，10]	2	1.22	0.02
(8，9]	3	1.20	0.02
(7，8]	4	1.82	0.03
(6，7]	5	2.86	0.04
(5，6]	6	4.76	0.07

续表

地形坡度（*T*）	指标评分	面积 /km^2	占评估区百分比 /%
(4，5]	7	10.69	0.16
(3，4]	8	28.86	0.44
(2，3]	9	85.18	1.31
(0，2]	10	6 365.87	97.83
合计		6 506.99	100.00

总体而言，评估区地形平坦，大多为地形坡度<2%的区域，而>2%的区域零星分布在松江北部及闵行、奉贤的交界处，见图 4-4。

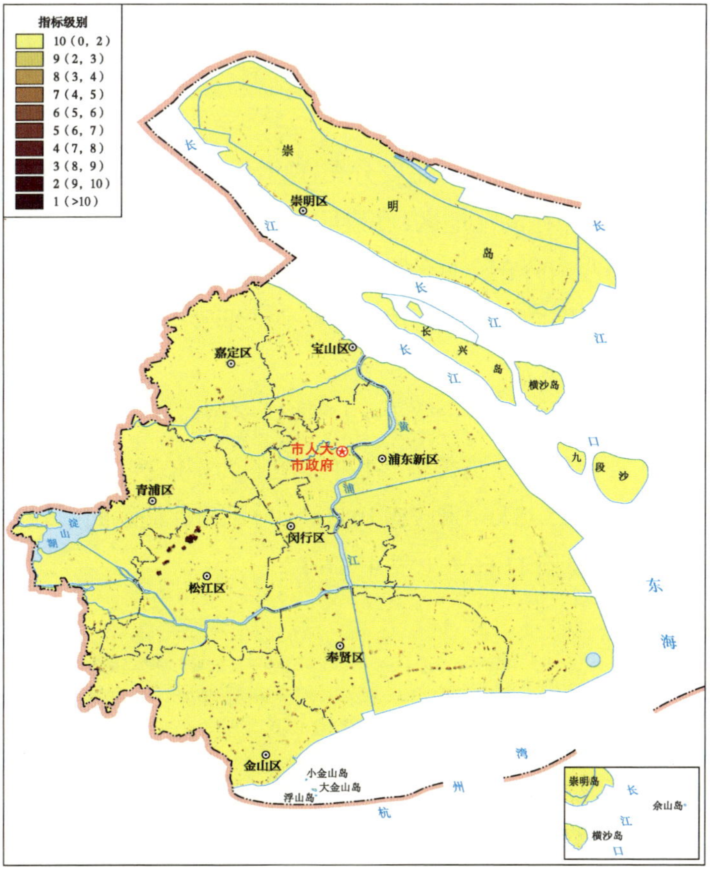

图 4-4　评估区地形坡度分级

（4）土壤介质

基于土壤介质（S）评价指标，评估区土壤介质包括黏质壤土、粉质壤土和粉砂 / 细砂 3 种类型。黏质壤土的面积为 1 660.54 km^2，占评估区面积的 25.52%；粉质壤土的面积为 4 148.06 km^2，占评估区面积的 63.75%，为主要土壤介质类型；粉砂 / 细砂面积为 698.39 km^2，仅占评估区面积的 10.73%。具体见表 4-9。

表 4–9　评估区土壤介质分级结果

土壤介质（S）	指标评分	面积 /km^2	占评估区百分比 /%
黏质壤土（黏土）	2	1 660.54	25.52
粉质壤土	3	4 148.06	63.75
粉砂 / 细砂	7	698.39	10.73
合计		6 506.99	100.00

从分布上看，黏质壤土主要分布在青浦、松江和金山西北部；粉砂 / 细砂主要分布在沿江地区，在崇明西部、东南部及奉贤、浦东南缘，嘉定北源也有少量分布；其他地区的土壤介质以粉质壤土为主。而在苏州河、黄浦江区域及周边，也均为粉砂 / 细砂类型土壤，见图 4-5。

（5）包气带介质

基于包气带介质（I）评价指标，评估区包括黏土、亚黏土、亚砂土、粉砂 4 种包气带介质类型。4 种类型的面积依次为 1 614.76 km^2、2 607.78 km^2、1 525.35 km^2 和 759.10 km^2，分别占评估区面积的 24.82%、40.08%、23.44% 和 11.66%（表 4-10）。

表 4–10　评估区包气带介质分级结果

包气带介质类型（I）	指标评分	面积 /km^2	占评估区百分比 /%
黏土	1	1 614.76	24.82
亚黏土	2	2 607.78	40.08
亚砂土	3	1 525.35	23.44
粉砂	4	759.10	11.66
合计		6 506.99	100.00

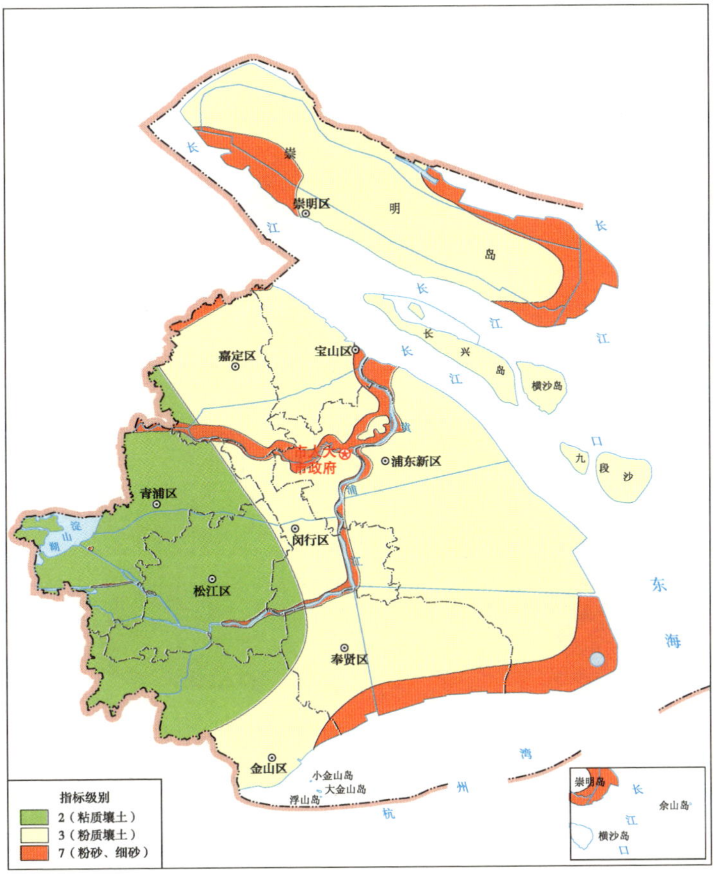

图 4-5　评估区土壤介质分级

从分布上看，黏土只分布在青浦、松江和金山北部地区；粉砂只分布在沿江地区，在崇明北部及东南部、奉贤、浦东南缘也有分布；作为过渡类型，亚砂土和亚黏土分布在砂土与黏土之间，呈环状分布；同样，黄浦江、苏州河区域及周边包气带介质也以粉砂为主，见图 4-6。

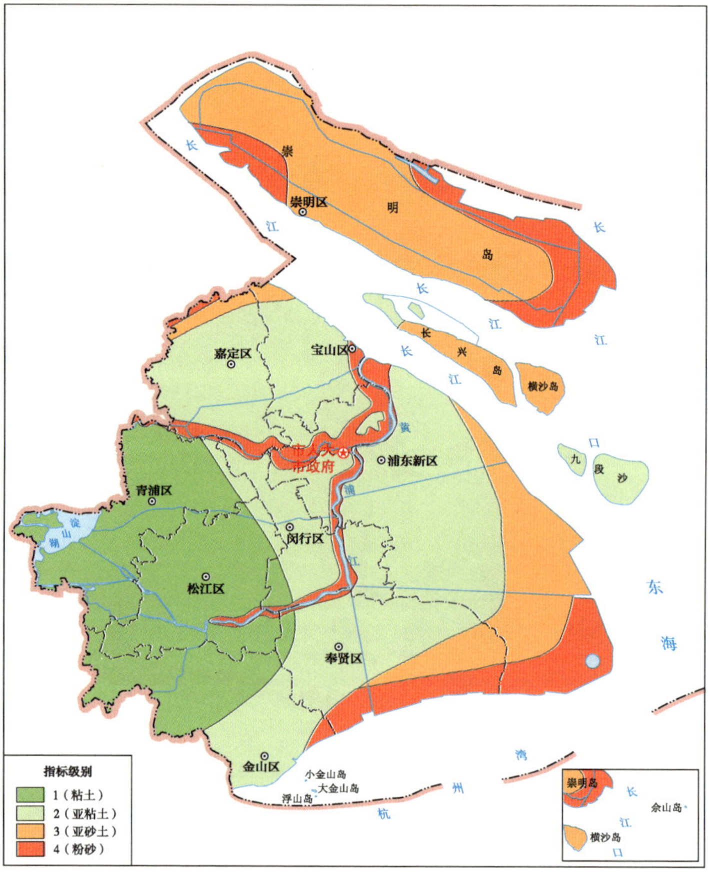

图 4-6　评估区包气带介质分级

（6）含水层厚度

基于含水层厚度（*A*）评价指标，评估区含水层厚度可分为 7 个等级。其中，30～35 m 所占比例最高，面积为 1 343.68 km²，占评估区面积的 20.65%；20～25 m 区域最小，面积仅为 18.56 km²，比例仅占 0.29%，见表 4-11。

表 4-11 评估区含水层厚度分级结果

含水层厚度（A）	指标评分	面积 /km²	占评估区百分比 /%
>50	1	1 916.95	29.46
(45，50]	2	726.92	11.17
(40，45]	3	961.97	14.78
(35，40]	4	919.70	14.13
(30，35]	5	1 343.68	20.65
(25，30]	6	619.21	9.52
(20，25]	7	18.56	0.29
合计		6 506.99	100.00

从分布上看，金山东南部、奉贤西北部的含水层厚度最小，为 20~25 m；青浦、松江、金山西部、嘉定大部分地区、宝山东北部、浦东大部分地区及崇明县的含水层厚度较大，均 >40 m。总体上看，评估区东北部和西部地区含水层厚度较大，中部区域厚度较小，见图 4-7。

（7）含水层渗透系数

评价中含水层渗透系数依据《地下水污染模拟预测评估工作指南（试行）》（以下简称《指南》）中的“表 C.2 水平渗透系数取值范围”和“表 C.3 部分垂直和水平渗透系数的经验比例”，结合评估区含水层岩性来综合获得。依此，整个评估区的含水层渗透系数均为 0~4 m/d，不存在差异，见表 4-12 和图 4-8。

表 4-12 评估区含水层渗透系数分级结果

岩性	水平渗透系数 /（m/d）	垂直渗透系数 /（m/d）	含水层渗透系数（C）	评分
黏土	$8.553\ 6\times10^{-5}$	$8.125\ 92\times10^{-5}$	[0，4]	1
粉质黏土	$8.104\ 32\times10^{-2}$	$8.104\ 32\times10^{-3}$	[0，4]	1
粉质砂土	0.220 32	$2.203\ 2\times10^{-2}$	[0，4]	1
粉砂	1.503 36	0.150 336	[0，4]	1

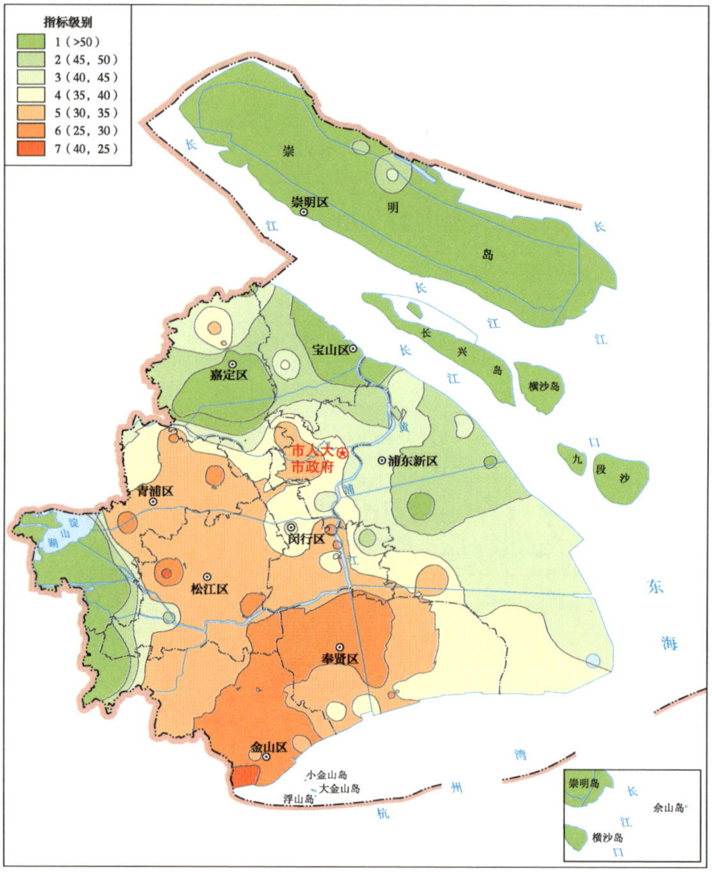

图 4-7　评估区含水层厚度分级

4.1.4.2　脆弱性综合评估结果

基于地下水脆弱性综合评价方法，将上述 7 个单项指标评价值与权重相乘后进行加和，得到评估区地下水脆弱性综合评价值，并按照孔隙水脆弱性综合等级分级标准，得到评估区的地下水脆弱性分区结果，分为中等、较高和高 3 个级别，没有低和较低分区。其中，中等级别面积最大，为 3 599.02 km^2，占评估区面积的 55.31%；较高级别的面积次之，为 2 902.12 km^2，占评估区面积的 44.60%；高级别的面积最小，为 5.85 km^2，占评估区面积的 0.09%，见表 4-13。

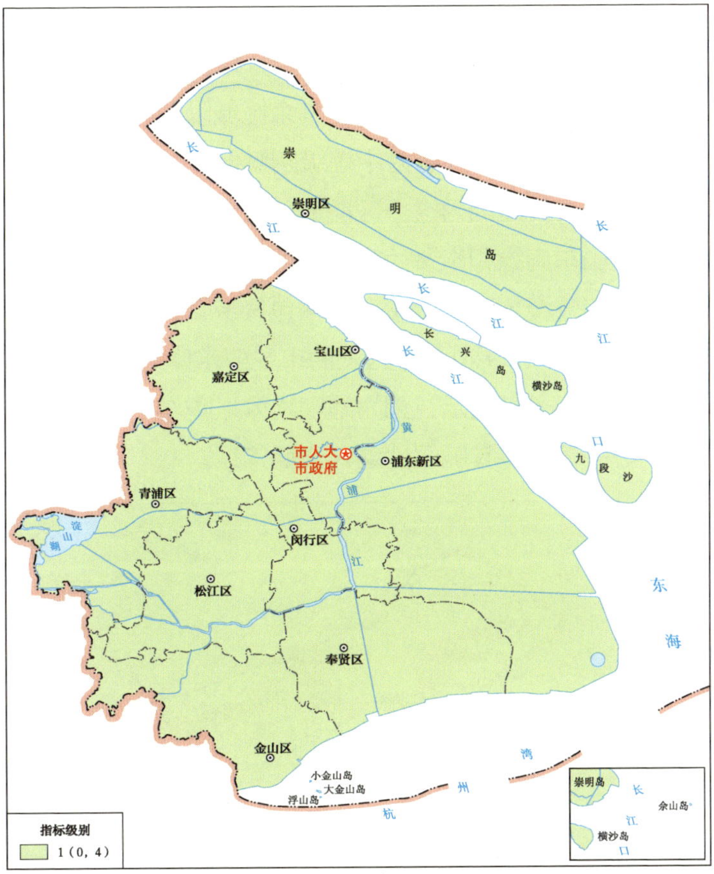

图 4-8　评估区含水层渗透系数分级

表 4-13　评估区脆弱性综合评价结果

脆弱性等级	*DI* 值	实际统计值	面积 /km²	占评估区百分比 /%
低	[20，70]	—	—	—
较低	(70，100]	—	—	—
中等	(100，120]	[101，120]	3 599.02	55.31
较高	(120，150]	[121，150]	2 902.12	44.60
高	(150，200]	[151，173]	5.85	0.09

从分布上看，中等级别区域主要分布在青浦、松江、金山北部、嘉定、宝山大部和浦东西北部、中部及崇明大部分地区；高级别区域仅在金山东南缘、奉贤西南缘有少量分布；其余区域以较高级别为主。如图 4-9 所示。其中，松江区大多为中等级别脆弱性，但其西侧有一圈为较高级别区域，主要是因为这个区域地下水含水层厚度较小，埋深又比较浅。而金山东南缘和奉贤西南缘出现高脆弱性区域，是因为该区域地下水位埋深较浅，而且土壤介质和包气带介质均为粉砂，是多项因素综合作用的结果。另外，作为上海市主要水体的黄浦江、苏州河、淀山湖等也在图上予以显示，因为地表水体阻隔作用的存在，这些区域脆弱性明显降低，将其脆弱性纳入最低等级。

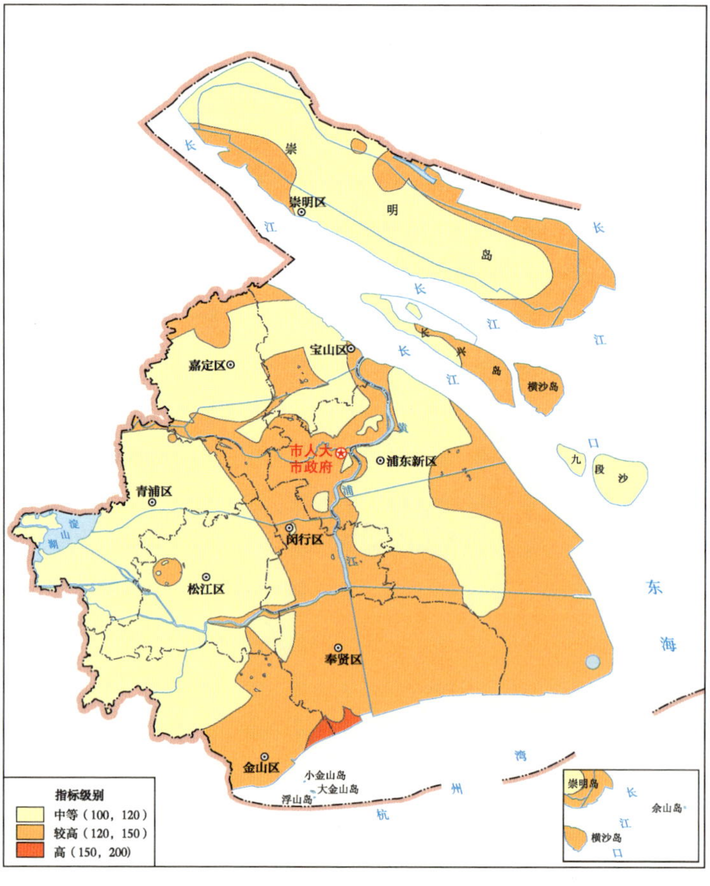

图 4-9 评估区地下水脆弱性分区

4.2 地下水污染源荷载评价

4.2.1 污染源荷载评价指标体系构建

污染源荷载评价体系主要包括单个污染源荷载风险等级划分和综合污染源荷载评估方法。

（1）单个污染源荷载风险等级划分

单个污染源荷载风险评估的指标体系如图 4-10 所示，其计算方法及计算公式如下：

$$P=T\times L\times Q$$

式中，P 表示污染源荷载风险指数；T 表示污染物毒性；L 表示污染源释放可能性；Q 表示污染物可能释放的量。

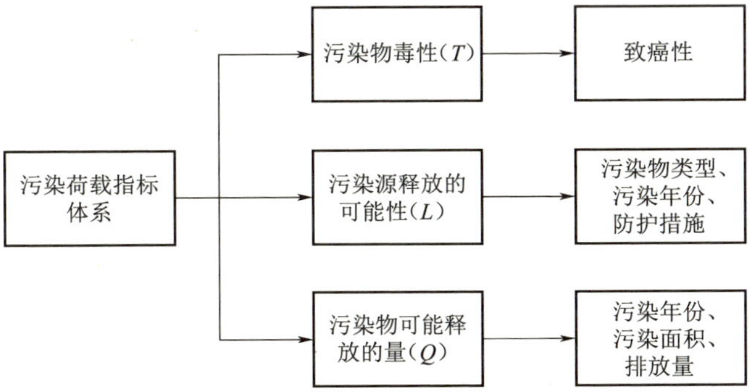

图 4-10　污染源荷载评估指标体系

将单个污染源荷载风险指数按公式进行计算，将计算结果（P 值）由小到大排列，根据取值范围分为低、较低、中等、较高、高 5 个等级，在 GIS 环境下编辑得出每一类污染源的荷载风险等级分区图。

（2）综合污染源荷载评估方法

依据各单个污染源计算结果，叠加形成综合污染源荷载指数。综合荷载指数计算公式如下：

$$PI=\sum W_i\times P_i$$

式中，PI 表示综合污染源荷载指数；W_i 表示第 i 类污染源类型的权重；P_i 表示第 i 类污染源的荷载。PI 值越大，表明综合污染源荷载越大。

将计算所得的地下水综合污染源荷载指数（PI）进行分级，一般划分成 5 级，按污染源荷载等级由高到低依次划分为高、较高、中等、较低、低，在 GIS 环境下编辑得出地下水综合污染源荷载评估分区图。

4.2.2 污染源荷载分级及赋值

（1）污染物毒性

污染物的毒性考虑污染物的物理化学性质、降解、迁移性等因素，与受体的致癌或非致癌风险直接相关，因此筛选和识别有毒、致癌风险较高的污染物是毒性指标评估的基础。在污染物指标明确的情况下，优先采用表 4-14 的毒性评分，存在多种污染物时一般取毒性最高的 T 作为计算值；当无法确定污染物指标时，采用表 4-15 进行计算。

缓冲区半径是指在污染源占地面积的基础上污染物可能迁移扩散的半径范围，主要与污染物类型有关。一般情况下假定污染源处毒性最高，沿缓冲区半径逐渐降低至 0。

表 4-14 主要污染物及其毒性评分

（1）致癌污染物	类型	T 评分	
		得分	参考文献
1, 1, 2, 2- 四氯乙烷	CD	2.8	IRIS
2, 4, 5- 涕丙酸	C	2.1	IRIS
2, 4, 6- 三氯酚	CD	1.8	IRIS
砷	C	3.7	HEAST
苯	CL	2	IRIS
双（2- 乙基己基）邻苯二甲酸二酯	CD	1.5	IRIS
四氯化碳	CD	2.5	IRIS
氯仿	C	1.2	IRIS
二氯乙烷	CD	2.4	IRIS

续表

（1）致癌污染物	类型	T 评分	
		得分	参考文献
二氯甲烷	CD	1.3	IRIS
六氯苯	CD	3.7	IRIS
六氯丁二烯	CD	2.3	IRIS
林丹	C	3.6	HEAST
三氯乙烯	CD	1.5	HEAST
三氟硝铵	C	1.3	IRIS
氯乙烯	CL	3.8	HEAST
亚硝酸盐	C	1	—
铬	C	2.7	IRIS
镉	C	1.7	HEAST
铅	C	1.3	MCL
（2）非致癌污染物	类型	毒性（T）	
		得分	参考文献
1, 2- 二氯乙烯	ND	0.2	IRIS
2, 4- 二氯苯氧基乙酸	N	0.5	IRIS
甲草胺	N	0.5	IRIS
滴灭威	N	1.3	IRIS
锑	N	1.9	IRIS
阿特拉津	N	0.8	IRIS
苯达松	N	1.1	IRIS
铍	N	0.8	IRIS
甲苯酚	N	0.2	IRIS
氰草津	N	1.2	IRIS
氰化物	N	2	IRIS
异狄氏剂	N	2.5	IRIS
乙基二丙基硫氨基甲酸酯	NL	0.1	IRIS
六氯环戊二烯	ND	0.6	IRIS
铁	N	0.5	MCL
汞	ND	2	HEAST
甲氧氯	N	2.3	IRIS
赛克津	N	0.1	IRIS

续表

（2）非致癌污染物	类型	毒性（T）	
		得分	参考文献
镍	N	1	IRIS
硝基苯	ND	1.8	IRIS
硒	N	1	HEAST
银	N	1	IRIS
四氯乙烯	ND	0.5	IRIS
钒	N	1	IRIS
MTBE	N	1.5	—

注：C 为致癌物质，N 为非致癌物质；D 为比水重的非水相有机物，L 为比水轻的非水相有机物。

表 4–15　污染源毒性指标评分

污染源	毒性类别	T 评分	缓冲区半径 / km（推荐值）
工业	石油加工、炼焦及核燃料加工业	2.5	1.5
	有色金属冶炼及压延加工业	3	1
	黑色金属冶炼及压延加工业	2	1
	化学原料及化学制品制造业	2.5	2
	纺织业	1	2
	皮革、毛皮、羽毛（绒）及其制品业	1	2
	金属制品业	1.5	1
	其他行业	0.2	1
危险废物处置场	工业危险废物、危险化学品为主	2	1
垃圾填埋场	生活垃圾、农业垃圾为主	1.5	2
加油站或石油开采、储运和销售区	总石油类、多环芳烃类	2.5	1.5
规模化养殖场	抗生素药物为主	1	1
高尔夫球场	农药	1.5	1.5

（2）污染源释放可能性

污染源释放可能性与其防护措施有着密切的关系。一般情况下，有防护措施且存在年限时间较短，污染源释放可能性较低；若由于时间久、防护措施维护不当等，污染源释放可能性会增加；若未采取任何防护措施，污染源释放可能性认定为 1，评分标准见表 4-16。

表 4-16 污染物释放可能性分级标准

污染源	释放可能性	*L* 评分
工业	建厂时间在 2011 年之后	0.2
	建厂时间在 1998—2011 年	0.6
	建厂时间在 1998 年之前或无防护措施	1
垃圾填埋场	≤ 5 年，正规 I 级	0.1
	>5 年，正规 I 级	0.2
	≤ 5 年，正规 II 级	0.2
	>5 年，正规 II 级	0.4
	≤ 5 年，正规 III 级	0.4
	>5 年，正规 III 级	0.5
	非正规、简易防护（IV级）	0.6
	非正规、无防护（V级）	1
危险废物处置场	正规	0.1
	无防护措施	1
加油站或石油开发、储运和销售区	≤ 5 年，双层罐或防渗池	0.1
	(5，15] 年，双层罐或防渗池	0.2
	>15 年，双层罐或防渗池	0.5
	≤ 5 年，单层罐且无防渗池	0.2
	(5，15] 年，单层罐且无防渗池	0.6
	>15 年，单层罐且无防渗池	1
规模化养殖场	有防护措施	0.3
	无防护措施	1

污染源	释放可能性	L 评分
高尔夫球场	≤ 18 洞	0.1
	(18，36] 洞	0.2
	>36 洞	0.5

（3）污染物可能释放的量

污染物可能释放的量与污染源规模、污染物排放量等因素相关，污染源规模越大，污染物排放量越高，则可能释放到地下水中污染物的量越大，分级及评分标准见表 4-17。

表 4-17　污染物可能释放的量分级及评分

污染源	类型	Q 评分
工业（废水排放量，单位：10^3 t/a）	≤ 1	1
	(1，5]	2
	(5，10]	4
	(10，50]	6
	(50，100]	8
	(100，500]	9
	(500，1 000]	10
	>1 000	12
垃圾填埋场（填埋量，单位：10^3 m^3）	≤ 1 000	4
	(1 000，5 000]	7
	>5 000	9
危险废物处置场（堆放量或填埋量，单位：10^3 m^3）	≤ 10	4
	(10，50]	7
	>50	9

续表

污染源	类型	Q 评分
加油站或石油开发、储运和销售区（油罐容量为 30 m^3 的油罐数量，单位：个）	1	1
规模化养殖场（COD 排放量，单位：t/a）	≤ 2	1
	(2，10]	2
	(10，50]	4
	(50，100]	6
	(100，150]	8
	(150，200]	9
	>200	10
高尔夫球场（占地面积，单位：hm^2）	≤ 50	1
	(50，100]	2
	(100，200]	3
	(200，300]	4
	>300	5

4.2.3 污染源荷载指标权重确定

按产生污染物的行业（部门）或活动可划分为工业污染源、农业污染源、生活污染源和区域性水体污染源，这种分类方法便于掌握地下水的污染特征；按污染源的空间分布特征可分为点状污染源、带状污染源和面状污染源，这种分类方法便于评估和预测地下水的污染范围。

按照上述污染源分类及造成地下水污染的主要原因，结合污染源造成地下水污染的可能性，地下水重点污染源主要包括工业污染源、矿山开采区、危险废物处置场、垃圾填埋场、加油站、农业污染源和高尔夫球场等。而对于上海区域，没有矿山开采区，因此上海的地下水重点污染源主要包括五大类，即工业污染源、危险废物处置场、垃圾填埋场、加油站和农业污染源（畜禽养殖场）。

针对各类污染源的特征，采用层次分析法来确定各污染源的权重，结果如表 4-18 所示。

表 4-18　各重点污染源权重值推荐

	工业	危险废物处置场	垃圾填埋场	加油站	畜禽养殖场
权重	5	2	3	3	4

4.2.4　污染源荷载指标评价结果

4.2.4.1　污染源统计分析

对照国家"双源"（地下水源、重点污染源）"1+7"的要求，结合上海市实际情况，按照"上海市第二次全国污染源普查"工业源、生活源、集中式污染治理设施、农业源，系统梳理纳入本次区划工作污染源类型，由于此次污染源普查未将高尔夫球场纳入，因此本次区划工作重点污染源主要包括工业企业、垃圾填埋场、危险废物处置场、加油站、畜禽养殖场 5 类，污染源清单的资料来源及数量如表 4-19 所示。

表 4-19　污染源清单及数量

<table>
<tr><th>编号</th><th colspan="2">污染源类型</th><th>数量 / 个</th><th>备注</th></tr>
<tr><td>1</td><td colspan="2">加油站</td><td>813</td><td>含</td></tr>
<tr><td rowspan="2">2</td><td rowspan="2">工业企业</td><td>工业园区</td><td>64</td><td></td></tr>
<tr><td>重点行业工业企业</td><td>8 278</td><td>石油加工、有色金属冶炼、化学原料及化学品制造业、纺织业、皮革和毛皮及其制品业、金属制品业 6 类重点污染行业企业</td></tr>
<tr><td>3</td><td colspan="2">危险废物处置场</td><td>24</td><td></td></tr>
<tr><td>4</td><td colspan="2">垃圾填埋场</td><td>18</td><td>正规垃圾填埋场和 200 t 以上的非正规垃圾填埋场</td></tr>
<tr><td>5</td><td colspan="2">畜禽养殖场</td><td>161</td><td>规模化</td></tr>
</table>

4.2.4.2 污染源荷载单项指标评价结果

（1）工业企业

基于工业企业污染源荷载评价标准，工业企业污染源荷载评估分值介于 0～3.0，污染源影响的总面积为 5 160.61 km²，占评估区总面积的 72.53%。其中，评估值主要分布在 1.0～3.0，属荷载风险较低区域，总面积为 2 875.72 km²，占工业污染源总面积的 55.72%，占评估区总面积的 42.09%（表 4–20）。

表 4–20　工业企业下水荷载分级结果

污染源荷载风险等级	面积 /km²	占评估区百分比 /%
低	2 217.31	32.45
较低	2 875.72	42.09
中等	67.58	0.99
较高	0.00	0.00
高	0.00	0.00
总计	5 160.61	72.53

工业企业污染源荷载中等区域在青浦、嘉定、宝山、松江、闵行、奉贤、金山、浦东新区、崇明均有分布。工业企业污染源荷载评分在 2.5～3.0 的区域位于宝山吴淞某工业基地、宝山顾村某工业园区、奉贤某工业园区等工业污染源附近（图 4–11）。

（2）加油站

基于加油站污染源荷载评价标准，评估区污染源荷载评估分值跨度较大，介于 0～18.0，总面积达 3 179.43 km²，占评估区面积的 46.53%。其中，分值在 1.0～3.0 的区域分布最广，面积为 1 493.17 km²，占加油站污染源总面积的 46.96%，占评估区总面积的 21.85%（表 4–21）。

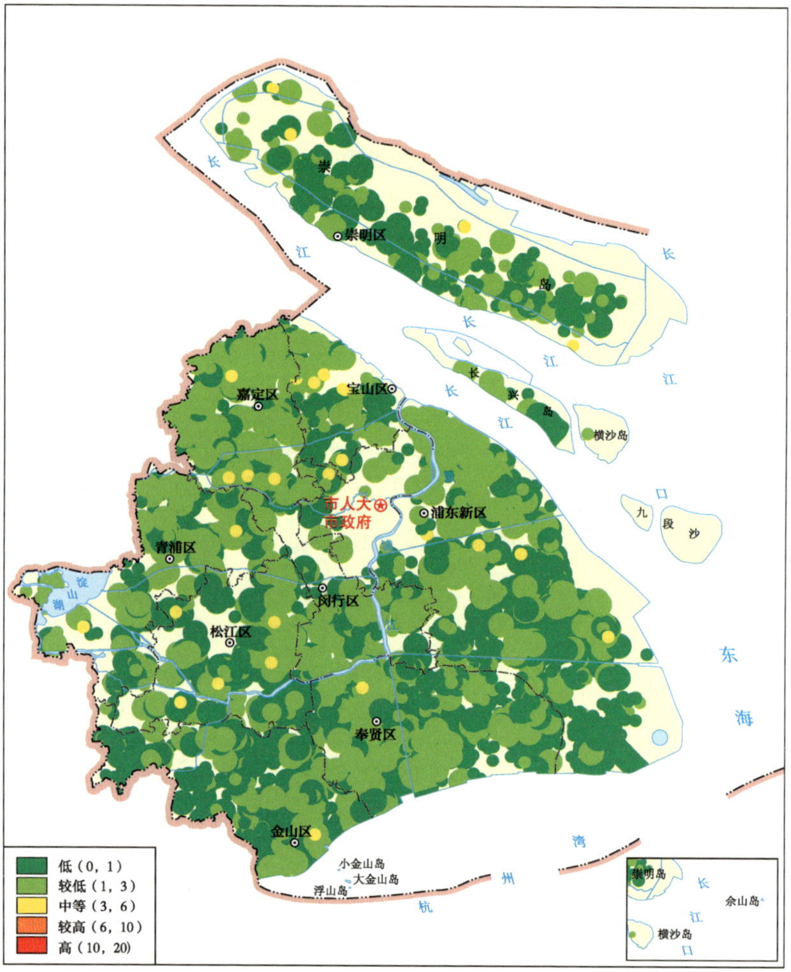

图 4-11　工业源地下水荷载分级

表 4-21　加油站地下水荷载分级结果

污染源荷载风险等级	面积 /km²	占评估区百分比 /%
低	482.63	7.06
较低	1 493.17	21.85
中等	286.17	4.19
较高	902.13	13.20
高	15.32	0.22
总计	3 179.42	46.52

加油站污染源在评估区范围内分布广泛，尤其是在中心城区分布较为密集。基于污染荷载分级结果，较高污染荷载区域在评估区中北部分布最为广泛；污染荷载评价得分大于10的区域主要出现在闵行某加油站、上海某加油站有限公司、上海某油气有限公司和上海某石油有限公司附近，这些加油站储罐数量较多，污染物可能释放的量较大（图4-12）。

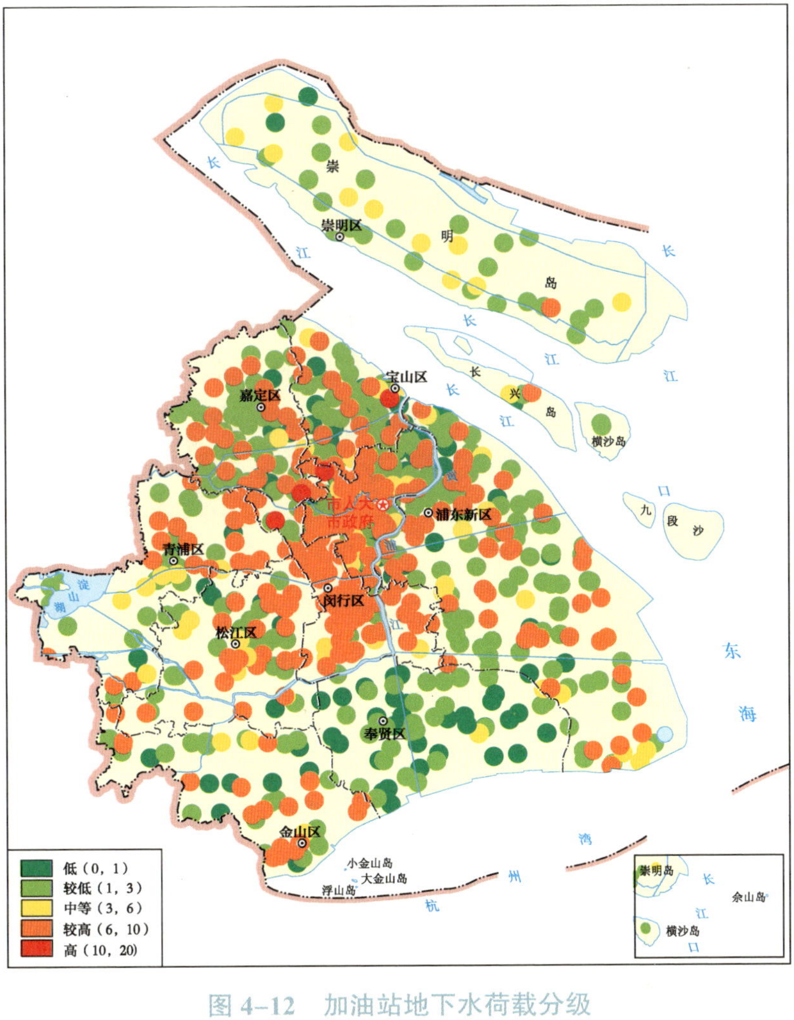

图4-12　加油站地下水荷载分级

（3）垃圾填埋场

基于垃圾填埋场污染源荷载评价标准，垃圾填埋场污染源荷载评估分值介于 0~6.8，污染荷载影响总面积为 268.93 km²，占评估区总面积的 3.93%。其中，介于 6.0~6.8 分值区间的面积最大，达到 240.71 km²，占评估区总面积的 3.52%，占垃圾填埋场污染源总面积的 89.51%（表 4–22）。

表 4–22　垃圾填埋场地下水荷载分级结果

污染源荷载风险等级	面积 /km²	占评估区百分比 /%
低	0	0.00
较低	0	0.00
中等	28.22	0.41
较高	240.71	3.52
高	0	0.00
总计	268.93	3.93

垃圾填埋场分布于嘉定、青浦、闵行、金山、奉贤、浦东新区等区域。荷载较高（5.0~6.8）区域主要位于嘉定北部的嘉定区某填埋场、浦东东部某填埋场及崇明东北部的上海某生活垃圾处置有限公司等附近，这些垃圾填埋场填埋容量较大，污染物可能释放的量较大（图 4–13）。

（4）危险废物处置场

基于危险废物处置场污染源荷载评价标准，危险废物处置场的污染源荷载评估分值介于 0~1.8，影响面积也较小，仅为 96.32 km²，占整个评估区面积的 1.41%（表 4–23）。

表 4–23　危险废物处置场地下水荷载分级结果

污染源荷载风险等级	面积 /km²	占评估区百分比 /%
低	80.73	1.18
较低	15.60	0.23
中等	0	0.00
较高	0	0.00
高	0	0.00
总计	96.33	1.41

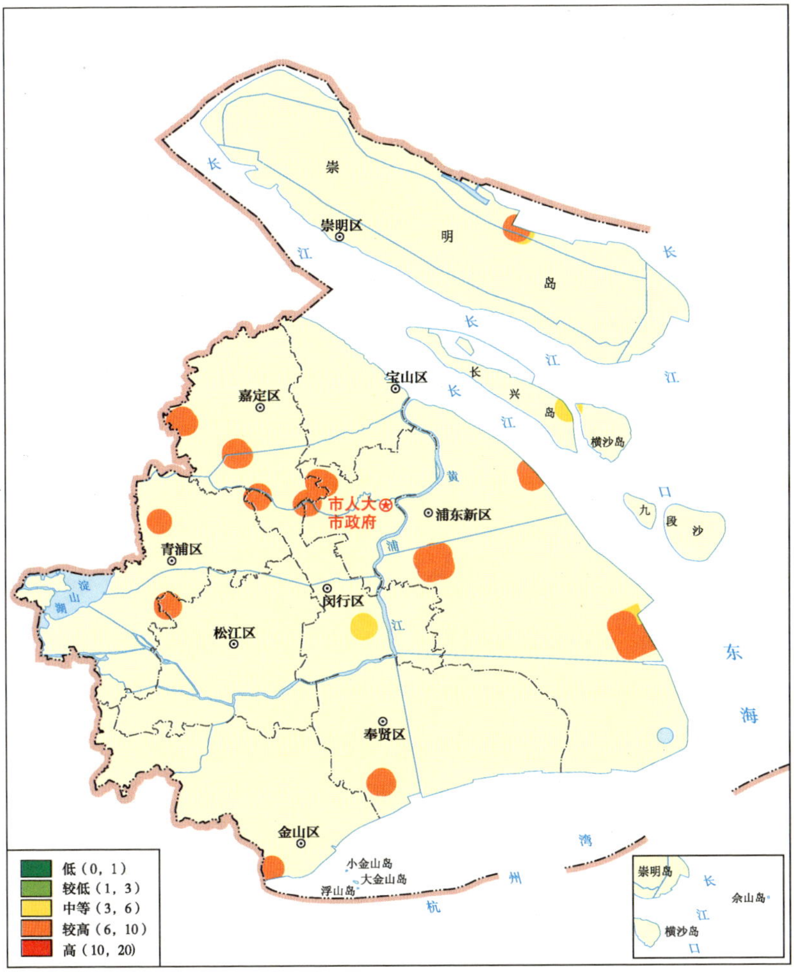

图 4-13　垃圾填埋场地下水荷载分级

危险废物处置场位于嘉定北部的某固体废物处理中心、浦东东部的上海某公司的某填埋场飞灰填埋区附近（图 4-14）。

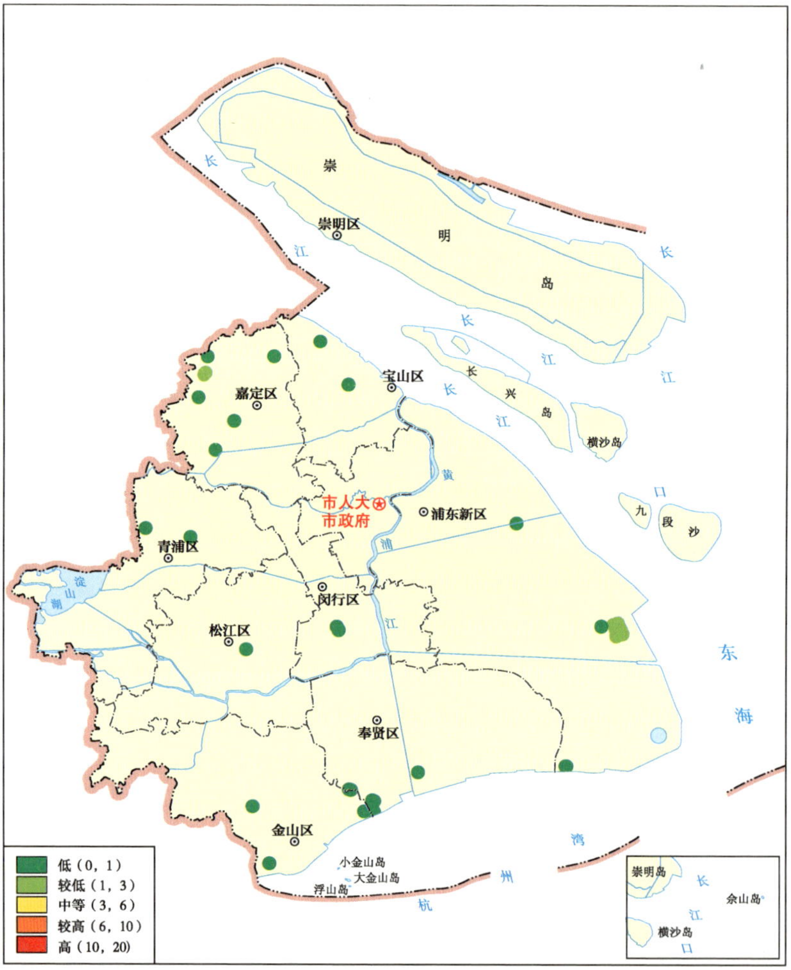

图 4–14　危险废物处置场地下水荷载分级

（5）畜禽养殖场

基于畜禽养殖场污染源荷载评价标准，评估区畜禽养殖场污染源荷载评估分值介于 0～10.0，总面积为 457.79 km²，占评估区总面积的 6.70%。其中，指数介于 1.0～3.0 和 6.0～10.0 的区域面积较大，分别为 139.81 km² 和 226.18 km²，分别占评估区面积的 2.05% 和 3.31%（表 4–24）。

表 4–24 畜禽养殖场地下水荷载分级结果

污染源荷载风险等级	面积 /km²	占评估区百分比 /%
低	0	0.00
较低	139.81	2.05
中等	91.80	1.34
较高	226.18	3.31
高	0	0.00
总计	457.79	6.70

污染荷载较高的区域集中分布在金山、松江南部、奉贤东南部和崇明北部，主要包括某畜牧有限公司、上海某牧业科技有限公司、上海某养猪场、上海某家禽养殖专业合作社等区域（图 4–15）。

4.2.4.3 综合污染源荷载指标评价结果

基于地下水综合污染源荷载评价方法，将上述 5 个单项指标评价值与权重相乘后进行加和，得到评估区地下水综合污染源荷载指数值，并按照综合污染源荷载等级分级标准，得到评估区的地下水综合污染源荷载评估结果，分为低、较低、中等、较高和高 5 个级别。其中，低级别区域面积最大，为 5 327.86 km^2，占评估区总面积的 77.97%；较低级别区域面积次之，为 1 428.20 km^2，占评估区总面积的 20.90%；高级别区域面积最小，仅为 0.33 km^2（表 4–25）。

表 4–25 评估区地下水综合污染源荷载评价结果

污染源荷载级别	*PI* 值	实际值	面积 /km²	占评估区百分比 /%
低	[0，20]	[0.15，20]	5 327.86	77.97
较低	(20，40]	(20.10，40]	1 428.20	20.90
中等	(40，60]	(40.15，60]	68.91	1.01
较高	(60，80]	(60.50，77.50]	7.70	0.11
高	(80，200]	(82.50，108]	0.33	0.01

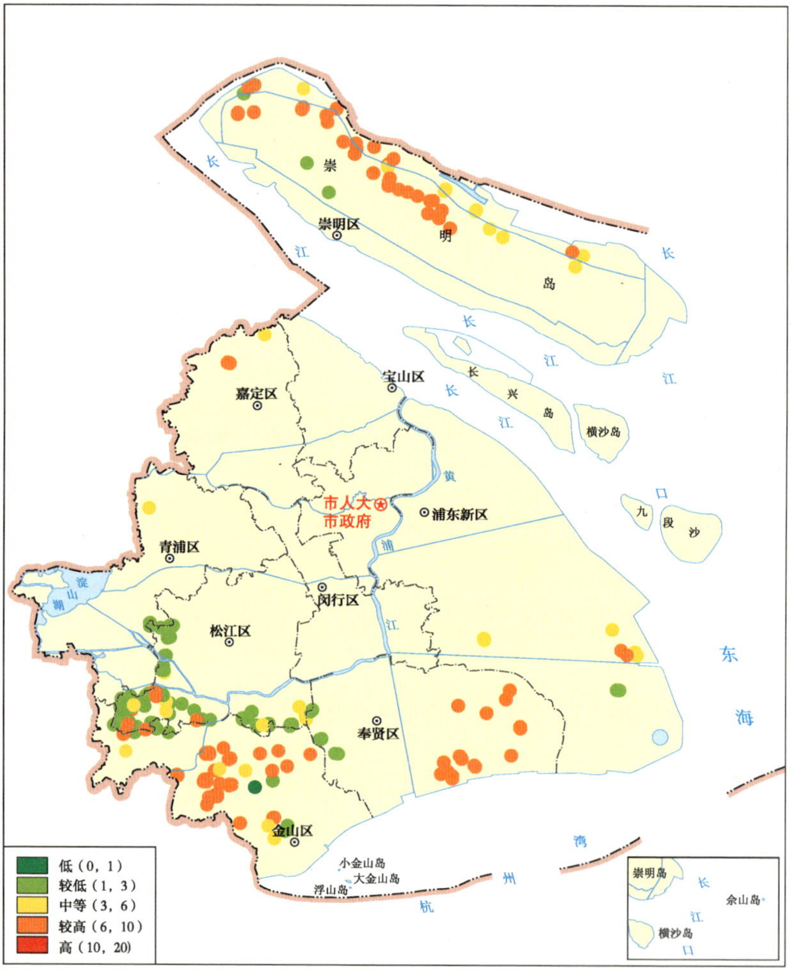

图 4–15　畜禽养殖场地下水荷载分级

低和较低级别污染源广泛分布在评估区范围内；高和较高级别区域主要分布在嘉定、闵行和普陀交界处以及浦东老港等区域（图 4–16），其中，嘉定、闵行和普陀三区交界处存在较多加油站、工业企业以及一定数量的垃圾填埋场，而老港镇以大规模垃圾填埋场为主。

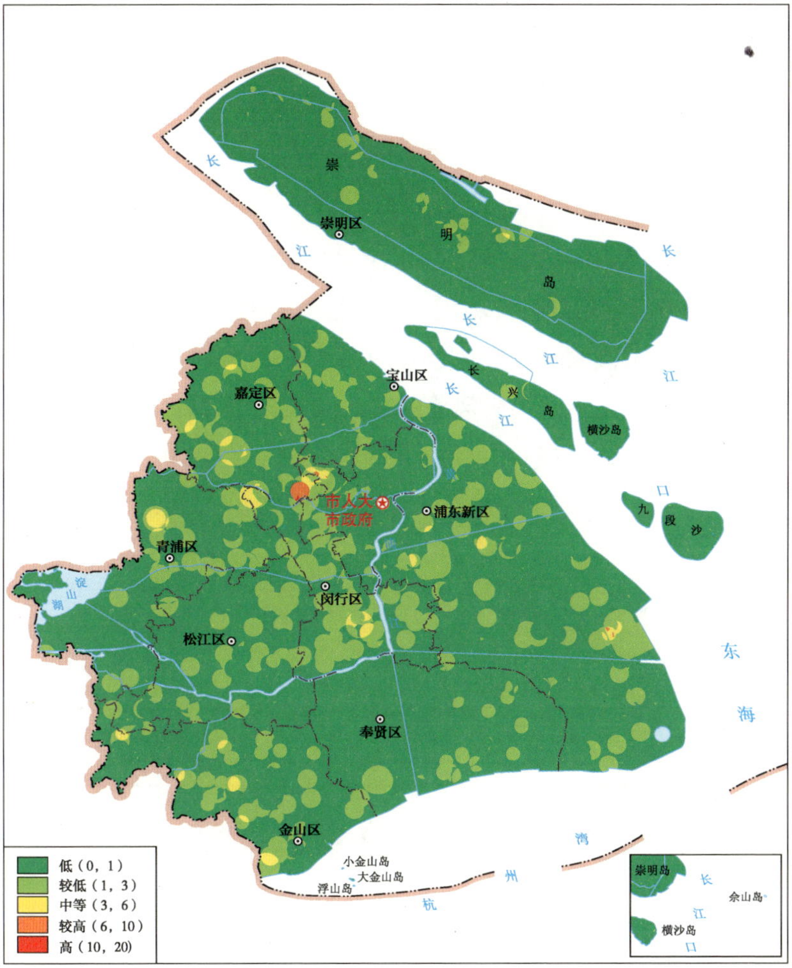

图 4-16　评估区地下水综合污染源荷载分区

4.3　地下水污染风险评价

4.3.1　地下水污染风险评价体系

根据上海市的地下水水文地质、功能价值和重点污染源特征，在确定地下水综合脆弱性、综合污染源荷载评估计算方法的基础上，计算出评估范围的地下水污染源荷载（*PI*）、脆弱性（*DI*）的评分结果，采用各个等级赋值（PI_i、DI_i），计算得出不同区域的地下水污染风险防控值（*R*），公式如下：

$$R=PI_i \times DI_i$$

式中，*R* 表示评价区的地下水污染风险防控值；PI_i 表示综合污染源荷载指数等级赋值；DI_i 表示综合脆弱性指数等级赋值。计算出的污染防控值，按照等间距法划分为高、较高、中、较低、低 5 个等级，即为确定的地下水污染风险的高、较高、中、较低、低等级和分区，并可将分区结果在 GIS 环境下编辑成图（图 4–17）。

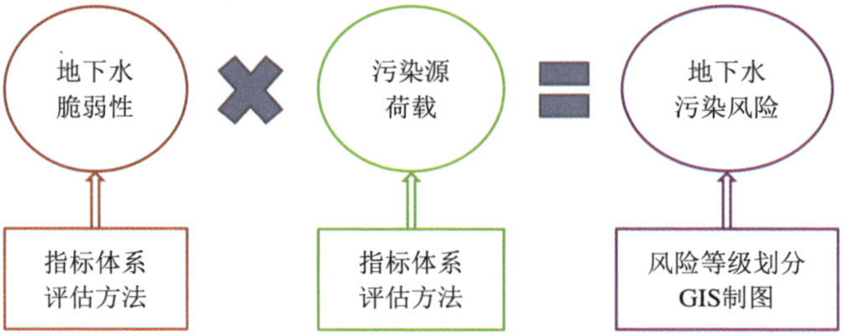

图 4–17　地下水污染风险评估方法

4.3.2　地下水污染风险评价结果

根据基于 DRASTIC 模型的地下水污染风险评价方法，叠加上海市地下水脆弱性和污染源荷载评价结果，得到地下水污染风险评价结果。统计数据表明，评估区内共有 3 420 行、4 259 列，总计 14 565 780 个像元，参与评估的面积为 6 506.99 km^2。

通过每个栅格单元的污染风险得分，得知评估区内各评估单元得分最大为 347.18，最小为 93.78。在评估区污染风险分区制图时，将最大、最小值做微调，最小值取值为 90，最大值取值为 350，并采用等间距法将本评估区划分为 5 个地下水污染风险分区，分别为低地下水污染风险区（90，142]、较低地下水污染风险区（142，194]、中等地下水污染风险区（194，246]、较高地下水污染风险区（246，298]和高地下水污染风险区（298，350]。根据计算结果，低地下水污染风险分区的面积最大，共为 3 511.07 km^2，占评估区总面积的 53.96%；较低地下水污染风险分区的面积次之，共为 2 500.10 km^2，占总面积的 38.42%；中等地下水污染风险分区面积较小，共为 462.47 km^2，占总面积的 7.11%；较高和高地下水污染风险分区面积最小，共为 33.35 km^2，占总面积的 0.51%（表 4–26）。

表 4–26　评估区地下水污染风险分级

污染风险	*R*	面积 /km^2	占评估区百分比 / %
低	（90，142]	3 511.07	53.96
较低	（142，194]	2 500.10	38.42
中等	（194，246]	462.47	7.11
较高	（246，298]	19.12	0.29
高	（298，350]	14.23	0.22

较低、低及中等 3 个级别地下水污染风险分区在评估区内均有广泛分布；较高地下水污染风险分区在杨浦区南部、宝山区东部、静安区中部，松江区南部、奉贤区南部和浦东新区北部、中南部有少量分布；高地下水污染风险分区仅在浦东北部、杨浦与虹口区交界处及金山区、奉贤区交界处南端有小面积分布。另外，作为上海市主要水体的黄浦江、苏州河、淀山湖等也在污染风险分区图上予以显示，因为地表水体的存在，这些区域脆弱性较低，又不存在污染源，所以这些区域的地下水污染风险很低，因此其污染风险纳入最低等级，如图 4–18 所示。

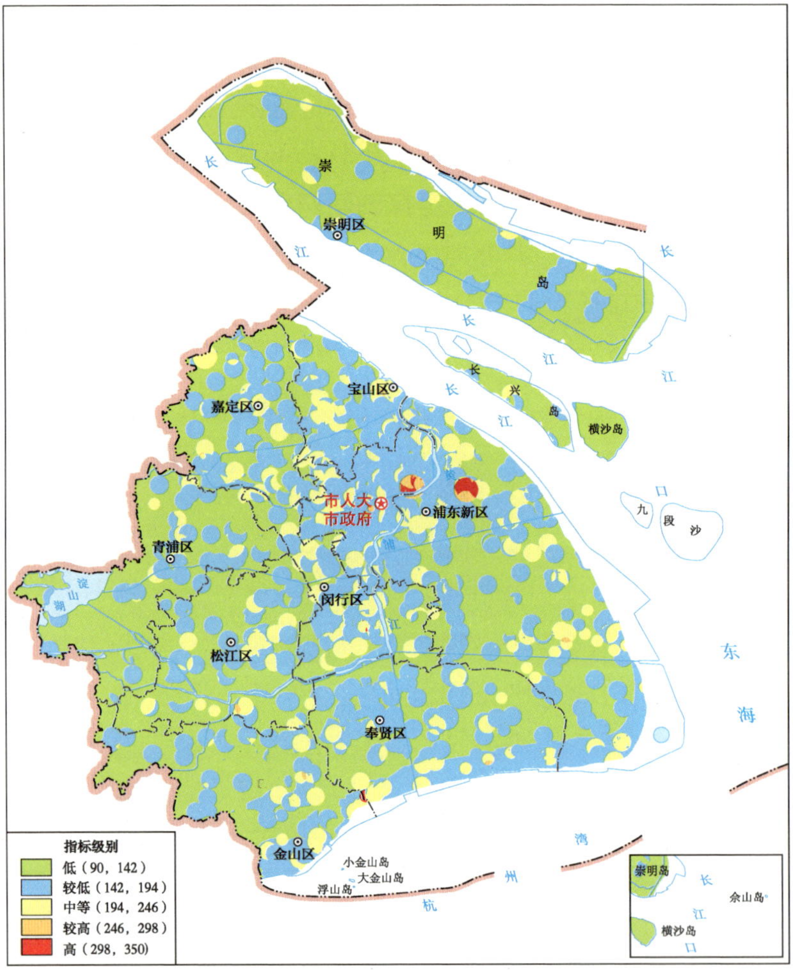

图 4–18　评估区地下水污染风险分区

各风险分区描述及可能原因分析如下：

（1）污染风险低

污染风险低区分布面积为 3 511.07 km²，占评估区总面积的 53.96%，广泛分布于整个评估区范围，其中中心城区的低污染风险区分布较少，而在青浦区、松江区、金山区、浦东新区等郊区有大面积分布。这主要是因为上海市的土壤介质、包气带介质以黏土和粉质壤土为主，含水层渗透系数小，地表污染源随土壤、地下水大规模迁移的可能性小，加上上海市目前地下水开采仅有少数几个开采点位，地下水使用功能价值有限，而且郊区范围面积大，污染源分布相对较为分散，密度较低，因此目前上海市的地下水污染风险低区分布较广，且大多集中分布在郊区。

（2）污染风险较低

污染风险较低区分布面积为 2 500.10 km^2，占评估区总面积的 38.42%。分布面积仅次于污染风险低区，也是广泛分布于评估区范围，主要原因与污染风险低区相似。另外，污染风险较低区在中心城区范围内分布集中，面积和比例都是最大的，主要是中心城区范围面积较小，一来受加油站污染源分布相对较为集中的影响，导致污染风险较低区分布高于污染风险低区，二来是因为中心城区基本没有其他污染源分布，所以地下水承受的污染风险也较低。

（3）污染风险中等

污染风险中等区分布面积为 462.47 km^2，占评估区总面积的 7.11%。分布面积较小，比例较低，主要分布在宝山区、闵行区、金山区、奉贤区等区域，在嘉定、浦东新区和松江区等区域也有零星分布。污染风险中等区的分布区域与工业、加油站、危险废物处置场等污染源的分布较为吻合。例如，宝山区某工业区，闵行区某工业区和某工业基地，金山区某工业区、某石化基地和某化工区，奉贤区某化工区奉贤分区、某开发区，嘉定区某固体废物处置中心，等等。

（4）污染风险较高

污染风险较高区分布面积为 19.12 km^2，占评估区总面积的 0.29%。分布面积很小，主要在杨浦区南端、浦东北部、宝山区东部有分布。杨浦区南端、静安区中部与浦东新区北部的污染风险较高，是因为该处分别为上海某饮用水有限公司的地下水采集区域、静安寺与某饮用水有限公司地下水采水区域范围，地下水富水性和功能价值较高。另外，一个地下水污染高风险区域是宝山区的东部，其面积较小，主要原因是该处位于宝山的某工业区，周边存在某钢铁基地，再加上该处有上海某加油站的 9 个储油罐，存在较大的污染风险，在工业、加油站等污染源综合作用下，该区域地下水污染风险较高。

（5）污染风险高

污染风险较高区分布面积为 14.23 km^2，占评估区总面积的 0.22%。分布面积最小，仅在浦东新区北部、杨浦区的南部、闵行区中部和金山区、奉贤区交界处南端有少量分布。浦东新区北部的污染风险高，是因为该区域是上海市某饮用水有限公司地下水采水区域范围，地下水富水性和功能价值都较高，且该处正好有上海某油漆有限公司、上海某出口加工区等污染源存在，造成地下水污染威胁，上述综合因素导致了该处地下水污染风险最高。杨浦区南端是因为该处为上海某饮用水有限公司的地下水采集区域，地下水富水性和功能价值较高，加上该区域地下水脆弱性也较高，导致该区域地下水污染风险较高。另外，金山区、奉贤区南缘交界处正是因为所处上海化工区所在地，污染风险较大。闵行区中部是因为所处某工业基地、上海某加油站有限公司、上海某加油站、上海闵行某石油分公司某加油站等污染源所在的区域，多个污染源荷载的叠加作用使该区域出现较高的地下水污染风险。

5

改进 DRAHC 模型的地下水脆弱性和污染风险评价

——以上海市为例

在系统分析以上海市为代表的平原河网地区水文地质和浅部地层条件的基础上，本章对适用于孔隙水的地下水脆弱性评价 DRASTIC 模型进行改进，主要合并土壤介质、包气带介质等相似指标，扣除地形坡度等一致性指标，形成新的 DRAHC 地下水脆弱性评价体系。同时，根据地下水脆弱性水力阻力参数的调整，对污染源荷载评价也进行改进，将与污染源的距离作为新指标。最后，在地下水脆弱性、污染源荷载评价的基础上，对新模型进行参数敏感性评价，并叠加脆弱性和污染源荷载评价，形成改进的地下水污染风险评价方法体系，评估上海市地下水污染风险。

5.1 基于改进 DRAHC 模型的地下水脆弱性评价

5.1.1 改进 DRAHC 模型的指标体系构建

根据平原河网地区的水文地质特征及数据可获取性等实际情况，对 DRASTIC 模型中的指标进行筛选与优化。首先，研究区处于平原河网地区，地势平坦，大多区域地形坡度都小于 2%，大于 2% 的区域零星分布在松江北部及闵行、奉贤交界处（图 5-1），地形坡度对地下水脆弱性影响几乎一致，所以在评价过程中不考虑地形坡度；其次，含水层介质在研究区分布均匀，而含水层厚度变化较大，有利于分析多孔含水层空间分布，是确定地下水污染物稀释能力的一个关键指标，因此，以含水层厚度取代含水层介质；最后，平原河网地区地下水埋深普遍较浅，如上海市潜水自由水面埋深大部分为 0.3～2.0 m，包气带厚度较薄，部分河网密集地区的潜水水位处于土壤层中，土壤介质和包气带介质具有一定程度的重合性，而包气带介质特征可以定

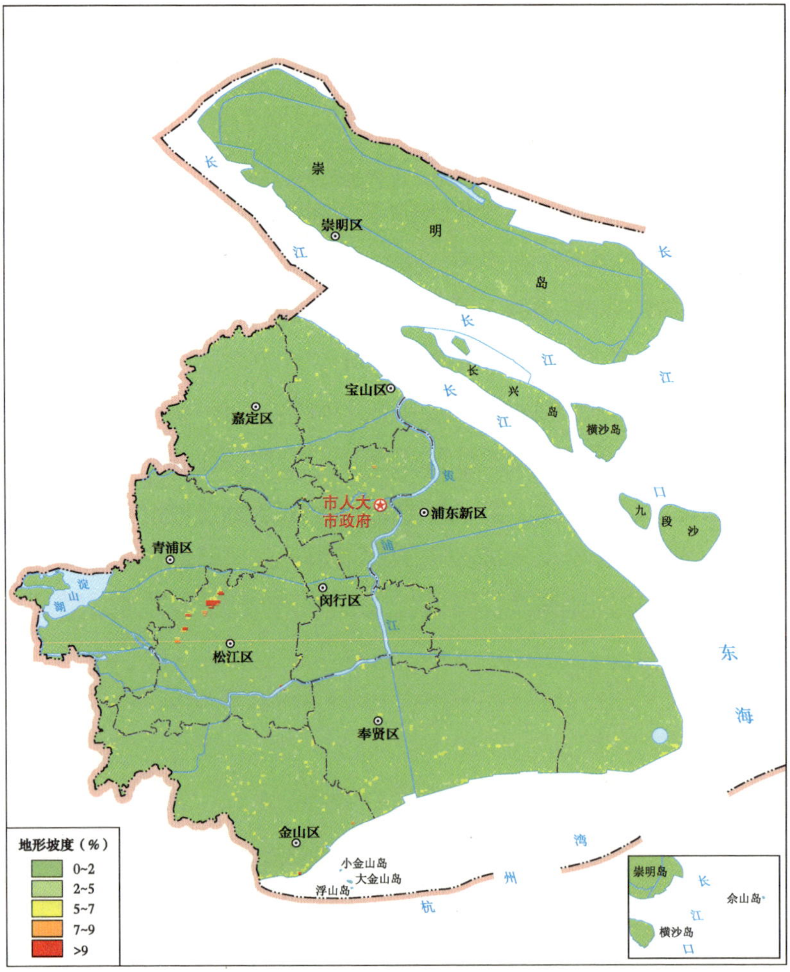

图 5–1　上海市地形坡度

量描述为污染物从地表到含水层的相对传输时间，相对传输时间可以采用水力阻力表征，因此，平原河网地区直接采用包气带介质指标进行指标体系构建，而不考虑土壤介质指标。

综上，本章基于平原河网地区的水文地质条件、数据可获取性等实际情况，对传统 DRASTIC 模型进行改进，从非饱和层、饱和层和动力载体三个方面，选取水力阻力、地下水位埋深、含水层厚度、含水层渗透系数和净补给量 5 个评价指标，建立了平原河网地区地下水脆弱性的评价指标体系，如表 5-1 所示。

表 5-1　DRAHC 模型的指标体系及数据来源

序号	指标	说明	数据来源
1	地下水位埋深（*D*）	反映非饱和层的影响	钻孔报告
2	水力阻力（*H*）		土壤类型图及钻孔报告
3	净补给量（*R*）	污染物运移的动力和载体	降水量等值线图
4	含水层厚度（*A*）	反映饱和层的影响	钻孔报告
5	含水层渗透系数（*C*）		钻孔报告

分析改进的 DRAHC 模型 5 个评价指标对于地下水脆弱性的影响机理，并介绍各指标的计算方法。

（1）地下水位埋深（*D*）

地下水位埋深表示污染物在到达含水层之前通过的非饱和带的厚度，它决定了污染物从地表进入地下水前的运移距离，影响水流与周围介质的接触时间。通常，地下水位越深，污染物的衰减越大，因此，选取地下水位埋深作为地下水脆弱性的评价指标。地下水位埋深的资料来源于研究区域各个井钻孔资料。利用 ArcGIS10.6 空间分析工具里的空间插值功能，对获得的点数据进行插值分析。

（2）净补给量（*R*）

净补给量表示从地表渗透到地下水面的水的总量。补给水是污染物渗透到地下水的载体，补给水越多，传输到地下水的潜在污染物越多。但是，过多的补给水会导致污染物的分散和稀释，从而减轻污染，本研究不考虑稀释这一因素。净补给量的计算是 DRAHC 模型中最复杂的，在研究区域，主要补给是降水向下渗透，因此，根据降水数据计算净补给量，计算公式如下：

$$Q_N = Q_R \alpha \qquad (5\text{-}1)$$

式中，Q_N 表示净补给量，mm；Q_R 表示降水量，mm；α 表示降水入渗系数。

（3）水力阻力

水力阻力是一种用于衡量和描述包气带介质对垂直方向流动阻力的理论因素，表征包气带介质对地下水脆弱性的影响。包气带介质是一个定性指标，主要是通过影响污染物的吸附、生物化学反应等来影响地下水脆弱性，用水力阻力估算污染物从地表到含水层的相对传输时间，从而将土壤层对地下水脆弱性的影响由定性描述变为定量描述。水力阻力越大，污染物从地表传输到地下含水层所需时间越长，含水层越不易被污染，地下水脆弱性越低。根据沉积层厚度以及其渗透系数计算水力阻力。

$$H=\sum d_i / k_i \qquad (5\text{-}2)$$

式中，H 表示水力阻力；d_i 和 k_i 分别表示沉积层厚度和相应的渗透系数。

（4）含水层厚度

含水层厚度主要反映了含水层对地下水脆弱性的直接影响，反映了含水层蓄水量的多少，进一步反映了含水层对地下污染物的稀释能力。一般来说，对于相同的含水层物质，含水层越厚，蓄水量越大，对污染物的稀释能力越强，脆弱性越低。通常通过含水层钻孔资料分析或者通过含水层顶、底板等值线图分析来计算含水层厚度。

（5）含水层渗透系数

含水层渗透系数主要反映了含水层对地下水脆弱性的作用和影响。渗透系数指的是单位水力梯度下的单位流量，单位为 m/d，反映了污染物在地下含水层中的迁移性能，影响污染物在地下含水层中的迁移速度。影响渗透系数的因素很多，包括含水层介质颗粒的大小、形状、分布以及水的黏滞性等。当水力梯度一定时，污染物在地下含水层的迁移速度受渗透系数的控制，渗透系数越大，污染物迁移越快，对地下水影响范围越大，因而脆弱性越高。通常通过单井涌水量或抽水试验来计算和确定渗透系数。

5.1.2 DRAHC 模型指标分级及赋值

按照改进 DRAHC 模型的 5 个指标，梳理上海市水文地质条件，将地下水埋深、净补给量、含水层厚度、水力阻力、含水层渗透系数等指标进行参数本地化后，再将各指标划分为 10 个等级，并对各等级进行 1～10 的赋值，结果如表 5−2 所示。

表 5−2 DRAHC 模型指标分级及赋值

评分	地下水位埋深（*D*）/m	净补给量（*R*）/mm	含水层厚度（*A*）/m	水力阻力（*H*）/d	含水层渗透系数（*C*）/(m/d)
1	>3.6	≤ 30	>19.5	>1 234.8	[0, 0.25]
2	(3.2, 3.6]	(30, 40]	(16.2, 19.8]	(649.5, 1 234.8]	(0.25, 0.5]
3	(2.8, 3.2]	(40, 50]	(13.4, 16.2]	(340.8, 649.5]	(0.5, 1]
4	(2.4, 2.8]	(50, 60]	(11.1, 13.4]	(178.0, 340.8]	(1, 1.5]
5	(2.0, 2.4]	(60, 70]	(9.2, 11.1]	(92.1, 178.0]	(1.5, 2.0]
6	(1.6, 2.0]	(70, 80]	(7.3, 9.2]	(46.8, 92.1]	(2.0, 2.5]
7	(1.2, 1.6]	(80, 90]	(5.4, 7.3]	(22.8, 42.8]	(2.5, 3.0]
8	(0.8, 1.2]	(90, 100]	(3.6, 5.4]	(10.2, 22.8]	(3.0, 3.5]

续表

评分	地下水位埋深（D）/m	净补给量（R）/mm	含水层厚度（A）/m	水力阻力（H）/d	含水层渗透系数（C）/(m/d)
9	(0.4, 0.8]	(100, 110]	(2.2, 3.6]	(3.6, 10.2]	(3.5, 4.0]
10	≤ 0.4	>110	≤ 2.2	≤ 3.6	>4.0

5.1.3 DRAHC 指标权重确定

权重反映指标对研究目标的影响程度，其值越大，影响越大，反之亦然。常用的权重确定方法有专家调查法、层次分析法、熵权法、主成分分析法等。对于 DRASTIC 模型的指标权重，美国国家环境保护局提出了两套权重，各评价指标的权重都是人为确定的定值，不随研究区域实际情况的变化而改变，影响评价结果的可靠性和准确性。采用层次分析法确定权重，按照“分解—比较—综合”的思维方式将定量分析与定性分析结合起来，对评价指标进行两两比较，进而确定各指标的权重，克服了 DRASTIC 模型中指标权重值固定不变的缺点，具体步骤同 4.1.3 节。根据上述权重分析计算方法，确定本研究判断矩阵如下：

$$
\begin{array}{c} \\ A= \end{array}
\begin{array}{c}
\begin{array}{ccccc} D & R & A & H & C \end{array} \\
\begin{bmatrix}
1 & 3 & 4 & 1/3 & 5 \\
1/3 & 1 & 3 & 1/4 & 4 \\
1/4 & 1/3 & 1 & 1/5 & 2 \\
3 & 4 & 5 & 1 & 6 \\
1/5 & 1/4 & 1/2 & 1/6 & 1
\end{bmatrix}
\end{array}
$$

根据 4.1.3 节中权重计算方法，判断矩阵的 CR=0.055 1<0.10，通过一致性检验。将 RAHC 模型的 5 个指标的权重归一化，如表 5-3 所示。

表 5-3 DRAHC 模型评价指标权重

指标	地下水位埋深（D）	净补给量（R）	含水层厚度（A）	水力阻力（H）	含水层渗透系数（C）
权重	0.26	0.15	0.07	0.47	0.05

5.1.4 DRAHC 模型脆弱性指标评价结果

5.1.4.1 脆弱性单项指标评价结果

（1）地下水位埋深

根据上海市 2016—2018 年 183 口浅层地下水监测井的监测结果，结合 ArcGIS10.6 软件插值分析功能中反距离权重（Inverse Distance Weighting，IDW）法，插值得到上海市地下水位埋深栅格图。反距离权重法，是一种比较常用和简便的空间插值方法，其以样本点和插值点两者之间的距离为权重进行加权平均，距离越小权重越大。采用等间隔法将插值得到的数据分为 10 级，并赋予 1～10 评分（图 5-2），评分越大，防污性能也就越差，对地下水脆弱性的影响就越大，反之亦然。

$$v_0=\frac{\sum_{i=1}^{n} v_i \frac{1}{d_i^k}}{\sum_{i=1}^{n} \frac{1}{d_i^k}} \quad (i=1,\ 2,\ \cdots,\ n) \tag{5-3}$$

式中，v_0 为未知点的估计值；v_i 为第 i（i=1，2，⋯，n）个样本点的值；k 为距离的幂；d_i 为采样点与未知点之间的距离。

上海市为典型的平原河网地区，地下水整体埋深较浅且变化不大。由图 5-2 可知，上海市地下水位埋深总体上呈现明显的由西向东逐渐增加的趋势，浦东东侧、奉贤南侧等区域比较深，这可能与上海市陆地地势总趋势由东向西略微倾斜向下有关；埋深介于 0.4～3.1 m，平均得分为 6.40；得分为 7 的区域所占面积最大，为 1 959.10 km^2，占总面积的 30.90%；得分为 1 的区域所占面积最小，为 1.12 km^2，仅占总面积的 0.02%。

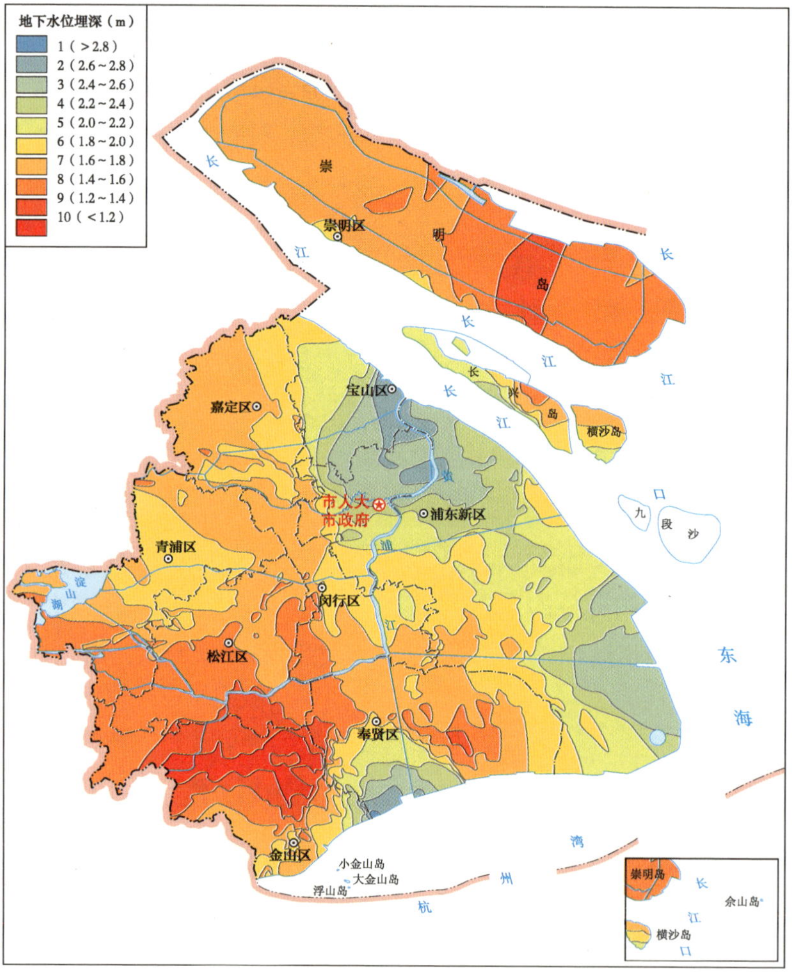

图 5–2　上海市地下水位埋深分级

（2）净补给量

在 5 个评价指标中，净补给量（R）的计算最复杂，本研究通过计算降水量乘以降水入渗系数的乘积得到上海市净补给量，最后用土地利用类型对计算结果进行修正。降水入渗系数的大小主要取决于地表土层和包气带岩性、地形、地貌特征，以及降水量大小及强度、时间分配等因素，是一个较难准确测定的参数。本研究的降水入渗系数参考《水文地质手册（第二版）》，见表 5-4。将 2016—2018 年上海市平均降水量等值线图矢量化，使用栅格计算器计算 3 年降水量的平均值，并以此平均值作为降水量计算净补给量。采用几何间隔法将计算结果划分为 10 个等级，并赋予 1～10 的评分（图 5-3），评分越高，防污性能也就越差，对地下水脆弱性的影响越大，反之亦然。

表 5-4　入渗系数参考值

岩性	亚黏土	轻亚黏土	粉砂	细砂	中砂	粗砂	砾砂	卵石
α 值	0.015	0.035	0.065	0.100	0.150	0.210	0.270	0.325

地下水净补给量是污染物向下迁移的动力和载体，主要来源于大气降水补给，净补给量范围为 0～412 mm，年均净补给量为 120 mm 左右，平均得分仅为 3.49（图 5-3）；大部分区域的得分为 1，面积达 2 929.53 km^2，约占上海市总面积的 46.21%，主要是因为研究区多为硬质地面和黏土表层，降水下渗困难；浦东东南侧、崇明南侧等地区分布有大量的滨海盐土，净补给量较小；市区大多为硬质地面，降水很难下渗，净补给量远小于郊区。

（3）含水层厚度

根据上海市 2016—2018 年 183 口浅层地下水监测井的监测结果，结合 ArcGIS10.6 软件插值分析功能中的克里金法，插值得到上海市地下水含水层厚度栅格图。克里金法是一种通过采用变异函数来研究变量分布的方法，是基于包含自相关统计模型的插值方法。采用自然间断点分级法（Jenks）将插值得到的数据分为 10 级，并赋予 1～10 的评分（图 5-4），评分越高，防污性能也就越差，对地下水脆弱性的影响就越大，反之亦然。

$$Z(x_0)=\sum_{i=1}^{n}\lambda_i Z(x_i) \tag{5-4}$$

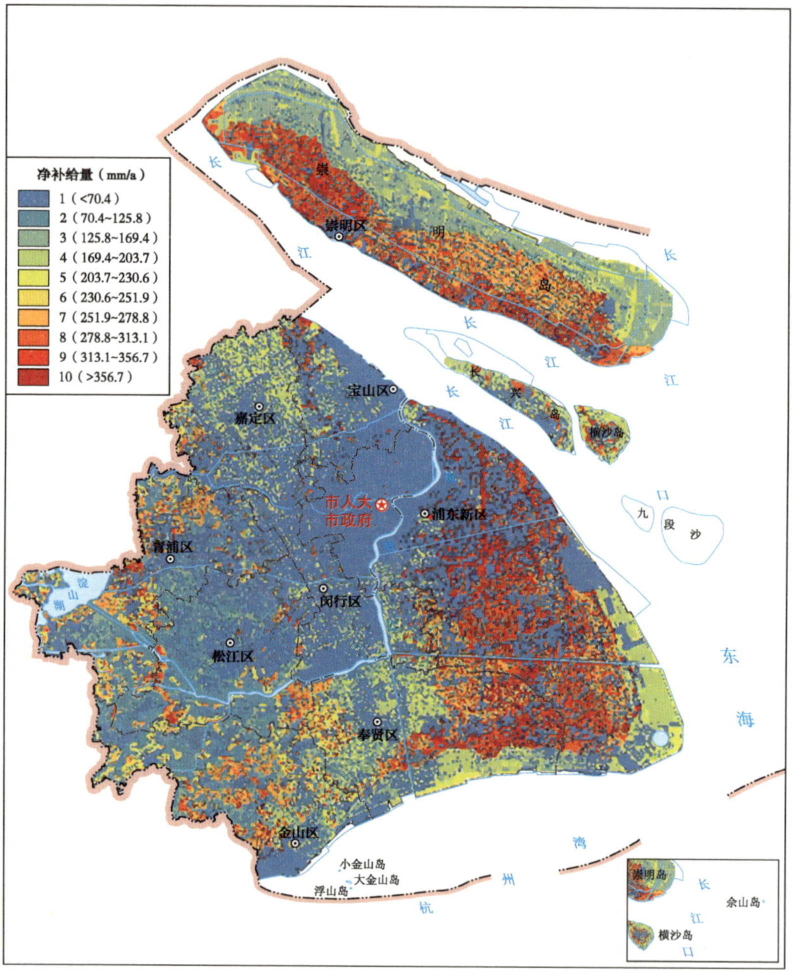

图 5-3　上海市地下水净补给量分级

式中，$Z(x_0)$表示未知点的值；$Z(x_i)$表示未知点周围已知样本点的值；N为已知样本点的个数；λ_i为第 i 个样本点的权重。

由图 5-4 可知，上海市含水层厚度总体上呈现由西北部宝山、嘉定地区向东南部奉贤、浦东地区递增的趋势；含水层厚度介于 0.52～24.60 m，普遍小于 10 m；得分为 9 和 10 的区域面积较大，分别为 1 601.57 km^2、2 327.45 km^2，占比分别为 25.26%、36.71%；得分为 1 的区域面积最小，为 33.11 km^2，仅占总面积的 0.52%；崇明区含水层厚度较大，崇明北侧、长兴岛等小部分地区达到 20 m 及以上，但面积仅有 32.96 km²，仅占 0.49%。

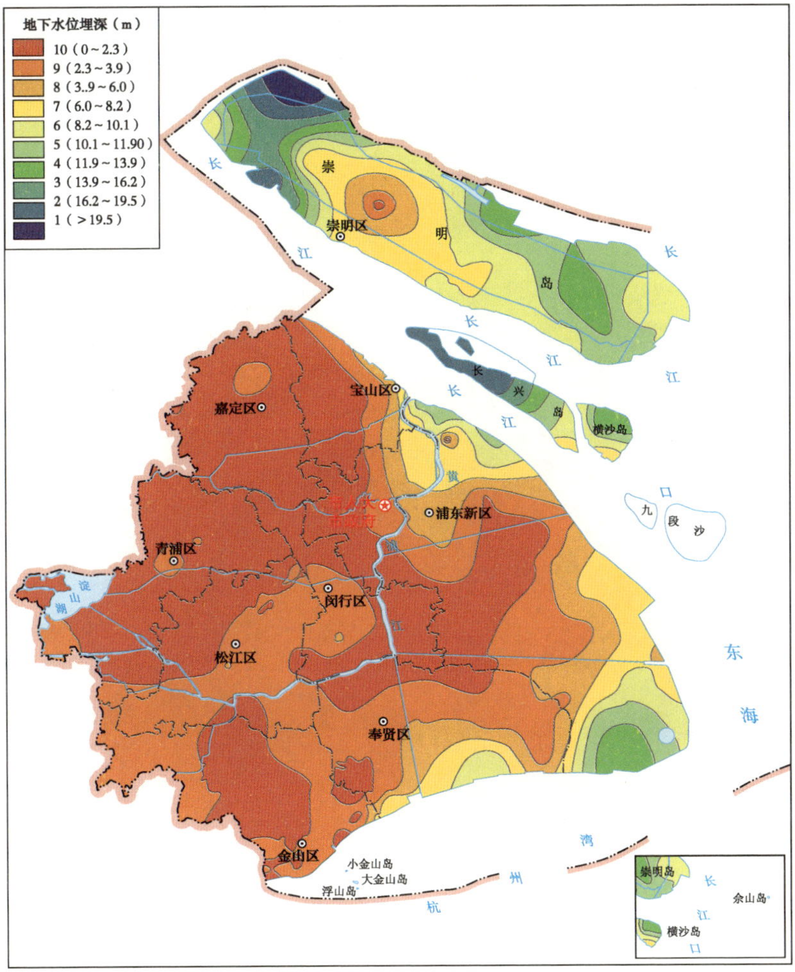

图 5-4　上海市含水层厚度分级

（4）水力阻力

水力阻力是一个十分重要的评价指标，用于描述污染物从地表穿过包气带到达地下水的难度。采用 ArcGIS10.6 软件中栅格计算器计算水力阻力，采用几何间隔法将计算结果分为 10 级，并赋予 1~10

的评分（图 5-5），评分越高，防污性能也就越差，对地下水脆弱性的影响也就越大，反之亦然。

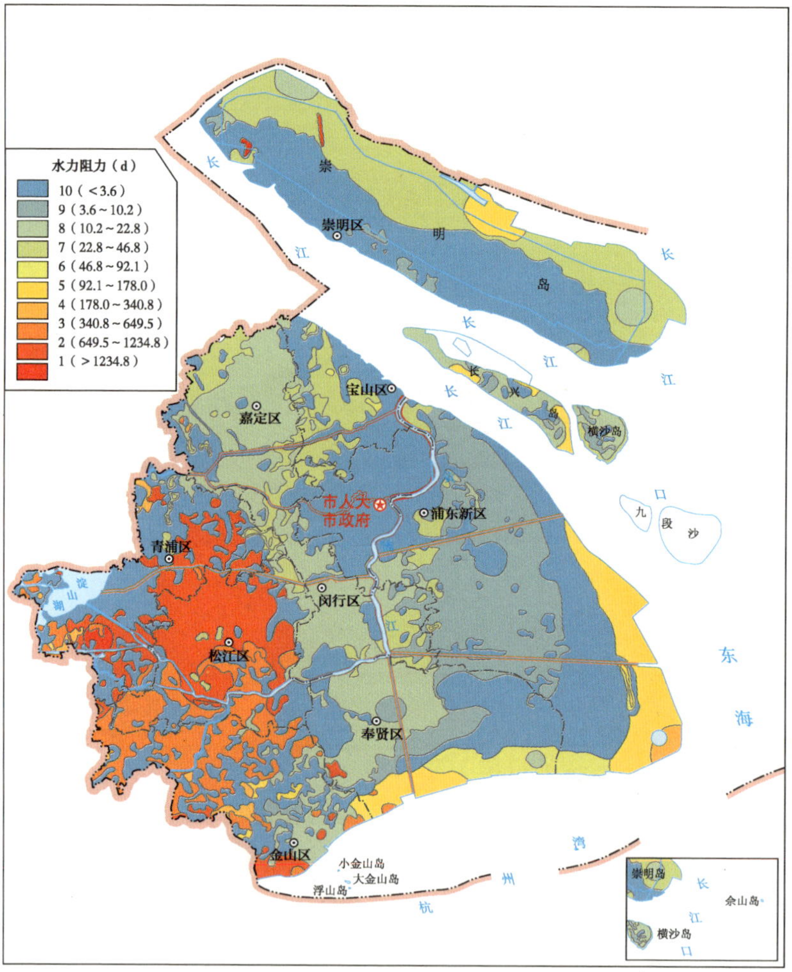

图 5-5　上海市水力阻力分级

由图 5-5 可知，上海市水力阻力总体上呈现西高东低的趋势，西部的松江、金山、青浦等区域较高，主要是由于这些区域分布有大量黏土层；水力阻力得分普遍介于 8~10，相对应的水力阻力是 0.08~22.8 d，面积为 4 120.08 km^2，约占总面积的 64.99%；小部分区域水力阻力得分在 1～2，面积为 616.89 km²，占比为 9.73%，主要分布在松江、青浦、金山等地区，这些区域污染物很难从地表穿过包气带到达地下水；崇明北侧、浦东东南侧等沿海地区的包气带层主要为渗透系数较小的黏壤土，水力阻力较高。

（5）含水层渗透系数

根据上海市 2016—2018 年 183 口浅层地下水监测井的监测结果，结合 ArcGIS10.6 软件插值分析功能中的克里金法，插值得到上海市

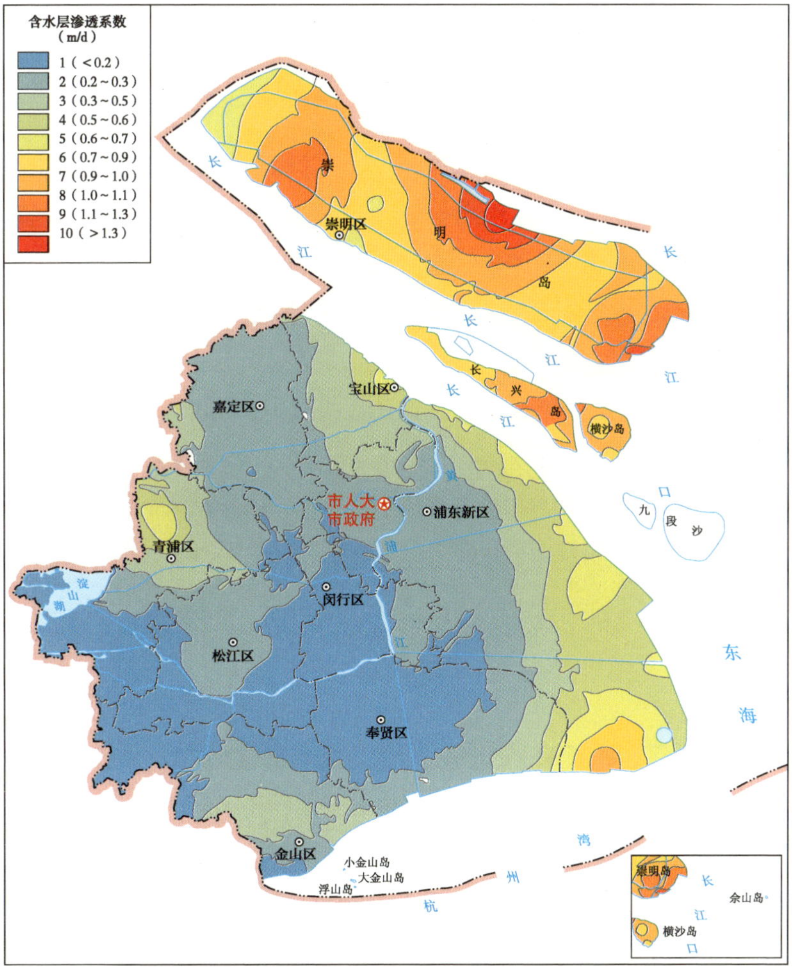

图 5-6　上海市含水层渗透系数分级

含水层渗透系数栅格图。采用等间隔法将插值得到的数据分为 10 级，并赋予 1～10 的评分（图 5-6），评分越高，防污性能也就越差，对地下水脆弱性的影响就越大，反之亦然。

由图 5-6 可知，上海市含水层渗透系数总体上呈现四周高中间低的趋势，介于 0.02～3.18 m/d，系数较小，均得分仅 0.43，小于 0.60 m/d 的面积达 4 775.92 km^2，占比为 75.33%；得分为 1 和 2 的区域面积较大，分别为 1 506.08 km^2、1 979.37 km^2，占比分别为 23.76%、31.22%；得分为 9 和 10 的区域面积较小，分别为 38.67 km^2、8.79 km^2，占比分别为 0.64%、0.14%，主要分布在崇明区。

5.1.4.2 地下水脆弱性综合评价

综合 5 个单项指标等级和评分分级，计算得到上海市地下水脆弱性指数 VI 值，采用自然间断点分级法（Jenks）将 VI 值划分为 5 个等级，得到地下水脆弱性分级划分结果，见表 5-5。将分级结果对应于地下水脆弱性低、较低、中等、较高和高 5 个等级，作为地下水脆弱性分区分级图，结果见图 5-7。

表 5-5 上海市地下水脆弱性等级划分结果

	低	较低	中等	较高	高
脆弱性指数（VI）	1.58～4.02	4.02～5.33	5.33～6.64	6.64～7.77	7.77～9.36
面积 /km^2	681.57	691.08	2 097.34	1 504.03	1 365.98
百分比 /%	10.75	10.90	33.08	23.72	21.55

由图 5-7 和表 5-5 可知，上海市地下水脆弱性总体较高，较高和高等级面积为 2 870.01 km^2，占全市总面积的 45.27%，主要分布在崇明南部、浦东南部、金山等区域，这是由于这些区域地下水位埋深较浅，且净补给量和水力阻力两个指标得分较高，加上 3 个指标权重较大，故对地下水脆弱性的影响较为明显。脆弱性中等等级面积为 2 097.34 km^2，占比为 33.08%，主要分布于崇明北部、嘉定、宝山、闵行、中心城区等区域。低和较低脆弱性分区面积较小，为 1 372.65 km^2，

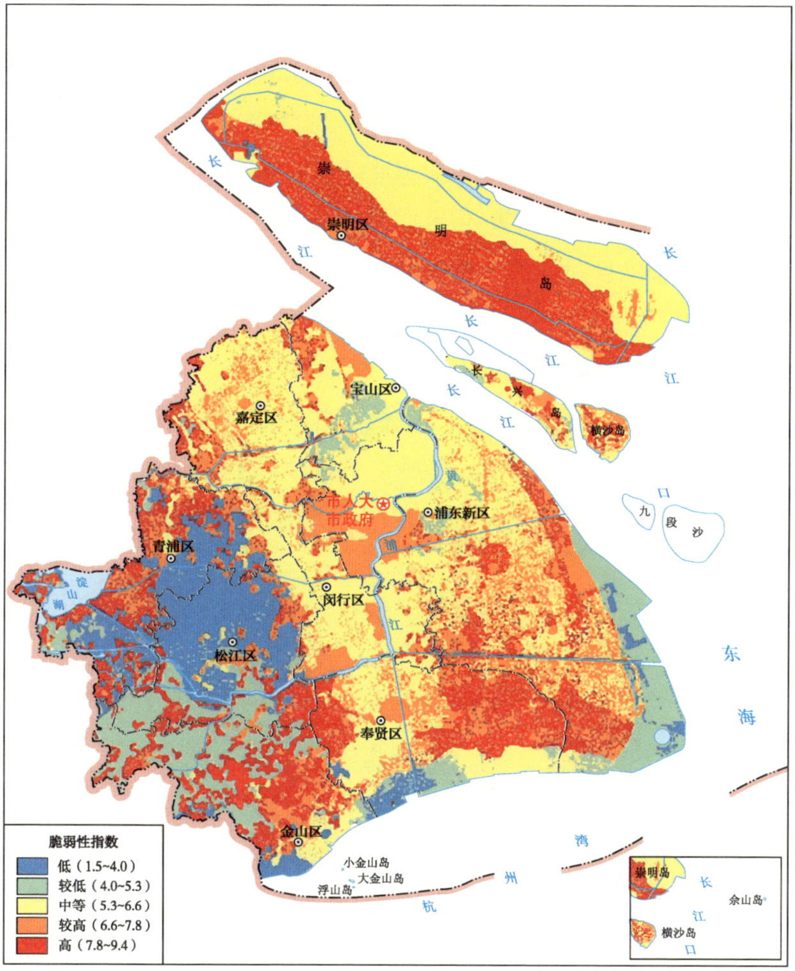

图 5-7　上海市地下水综合脆弱性分区

主要分布在松江和青浦，这些区域包气带多为亚砂土黏土互层，水力阻力及净补给量均较小。

5.1.4.3　脆弱性评价敏感度分析

（1）模型敏感度分析方法

由于地下水污染风险评价评价体系复杂，在地下水脆弱性及风险评价的过程中会存在许多不确定性，如评价指标的不确定性、模型简化的不确定性以及收集和分析数据的不确定性等，导致评价结果偏离真实值。为了尽量弄清和有效减少不确定影响因素对地下水脆弱性及风险评价结果的影响，需要对本章改进的 DRAHC 模型地下水脆弱性评价体系进行不确定性分析。敏感度分析是一种常用的不确定分析方法，被广泛用于经济、工程、生态等领域。敏感度分析探究参数对评价结果的影响，是对评价体系选取合理性的检验。以下是两种常用敏感度分析法。

1）单参数敏感度分析

单参数敏感分析通过计算有效权重并对其进行统计分析，进而比较有效权重与理论权重，确定参数对评价体系的实际贡献程度。本研究理论权重为基于 AHP 法获得的权重，有效权重计算方法如下：

$$W_e = \frac{P_r P_w}{V} \times 100\% \tag{5-5}$$

式中，W_e 为参数的有效权重；P_r、P_w 分别为指标评分及其权重；V 为评价结果指数值。

2）地图移除参数分析

地图移除参数分析是由 Lodwick 等提出，以评估单个因素对地下水脆弱性的影响。地图移除参数分析通过从评价体系中移除一个或几个参数，探究这些参数对评价结果的影响。其计算方法如下：

$$S = \left(\frac{\left| \frac{V}{N} - \frac{V'}{n} \right|}{V} \right) \times 100\% \tag{5-6}$$

式中，S 表示敏感度；V 和 V' 分别表示包括所有评价参数和改变参数数量后的评价结果指数值；N 和 n 分别表示计算 V 和 V' 的参数数量。

（2）单参数敏感度分析

利用 ArcGIS10.6 将研究区域划分成大小为 30 m × 30 m 的网格，

分别计算每个单元网格 5 个指标的有效权重，并统计分析得到其最大值、最小值、平均值和标准差（表 5−6）。

表 5−6　单参数敏感度统计结果

参数	理论权重	理论权重 /%	有效权重 /%			
			平均值	最小值	最大值	标准差
D	0.26	26	27.65	7.00	63.61	11.05
R	0.15	15	7.66	1.83	22.35	5.34
A	0.07	7	6.92	0.78	25.00	3.10
H	0.47	47	54.23	13.17	80.90	13.17
C	0.05	5	3.54	0.76	16.77	2.35

由表 5−6 可知，有效权重平均值与理论权重大小排序一致；水力阻力是最重要的指标，理论权重为 47%，有效权重平均值为 54.23%，均为所有指标里的最大值；地下水位埋深和含水层厚度的有效权重平均值分别为 27.65% 和 6.92%，与理论权重（分别为 26% 和 7%），说明地下水位埋深和含水层厚度对研究区域地下水脆弱性的实际影响程度与理论上差不多。净补给量和含水层渗透系数的有效权重平均值分别为 7.66%、3.54%，均小于理论权重，说明其对研究区域地下水脆弱性的实际影响程度比理论上更小。含水层厚度的理论权重大于含水层渗透系数，说明潜水含水层的稀释作用对地下水脆弱性的影响更大。

（3）地图移除敏感度分析

从地下水脆弱性评价指标体系中每次移除一个指标，使用栅格计算器计算并分析敏感度，结果见表 5−7。敏感度的大小顺序为 *H*>*D*>*R*>*A*>*C*。当水力阻力和地下水位埋深被移除时，敏感度较大，分别为 9.34% 和 4.11%，证明了水力阻力和地下水位埋深的重要性，与它们具有较高权重相一致。含水层渗透系数敏感度最小，与其权重最小相一致。

根据表 5-7 的结果，按照对脆弱性影响从小到大顺序逐个移除指标，使用栅格计算器计算和分析敏感度，结果见表 5-8。结果表明，随着指标的移除，敏感度越来越大，且变化幅度逐渐增大。综合地图移除敏感度的结果，发现每个指标的移除都对地下水脆弱性产生很大影响，说明评价模型在平原河网地区应用合理。

表 5-7　地图移除分析统计结果

移除参数	敏感度 /%			
	平均值	最小值	最大值	标准差
D	4.11	0.81	4.81	0.59
R	3.27	0.00	4.54	1.33
A	3.09	0.06	4.80	0.77
H	9.34	0.00	15.76	3.16
C	2.36	0.00	10.90	2.40

表 5-8　地图移除敏感度统计结果

使用参数	敏感度 /%			
	平均值	最小值	最大值	标准差
D, R, A, H	2.36	0.00	10.90	2.40
D, R, H	3.32	0.00	10.29	2.34
D, H	10.22	0.00	22.20	4.12
H	34.27	0.09	60.90	13.07

5.2　地下水污染源荷载评价

5.2.1　改进污染源荷载评价指标体系构建

地下水污染源荷载主要是指研究区域内地表污染源对地下水环境的影响程度，其大小主要取决于区域内地表污染源的规模、污染物的迁移转化规律以及释放的可能性等。研究区域内的地表污染源可能通过降水入渗、灌溉水入渗等多种途径进入地下系统，尤其是潜水含水层。因此，在正确评价区域内地下水污染源荷载前，必须全面研究，弄清楚研究区域内地表污染源的具体情况。从实用的角度出发，本研究采用污染物毒性（T）、污染源释放的可能性（L）、与污染源距离（D）、污染物可能产生的量（Q）4 个指标构建评价模型。

（1）单个污染源荷载评价

单个污染源荷载评价指标体系见图 5-8，计算公式如下：

$$P_i = T_i \times L_i \times D_i \times Q_i \tag{5-7}$$

式中，P_i 表示单个污染源荷载指数；T_i 表示污染物毒性；L_i 表示污染源释放的可能性；D_i 表示与污染源距离；Q_i 表示污染物可能释放的量。

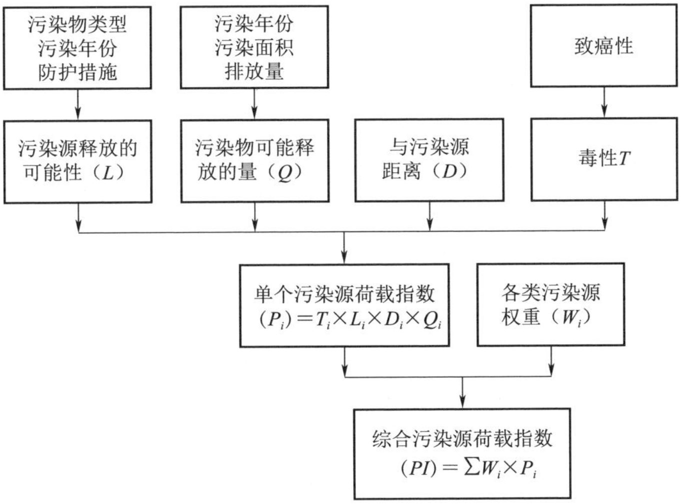

图 5-8　污染源荷载评价指标体系

采用上式计算单个污染源荷载，基于 ArcGIS10.6 将计算结果划分为 5 个等级（低、较低、中等、较高、高），并在 GIS 环境下绘制等级分区图。

（2）污染源及权重确定

为了比较不同类型的污染源对地下水环境的影响，根据目前上海市污染源特征和实际情况，将各类污染源按照其来源进行分类，分为农业污染源（畜禽养殖场）、工业污染源、加油站、危险废物处置场及垃圾填埋场 5 类。针对各类污染源的特征，采用层次分析法来确定各污染源的权重，详细步骤见 4.2.3 节。

（3）综合污染源荷载评价方法

叠加依据单个污染源计算结果形成综合污染源荷载指数。

$$PI = \sum W_i \times P_i \tag{5-8}$$

式中，PI 表示综合污染源荷载指数； 表示第 i 类污染源的荷载；W_i 表示第 i 类污染源类型的权重。

基于 ArcGIS10.6 将 PI 划分为 5 个等级（低、较低、中等、较高、高），并在 GIS 环境下绘制等级分区图。

5.2.2 改进污染源荷载分级及赋值

本章地下水污染源荷载评价体系中关于污染物毒性、污染物释放的可能性及污染物可能释放的量 3 个指标，具体分级标准及评分同 4.2.1～4.2.3 节，在此仅给出与污染源距离的分级方法及评分。

进入地下水环境的污染物，在地下系统中横向迁移的过程中会被降解和吸附，且污染物浓度随着迁移距离的增加而降低，对地下水环境的影响也随着迁移距离的增加逐渐降低直至消失。本研究采用与污染源距离来表征污染源的这种特性。由于污染物迁移性各异，需要分类进行讨论。评分标准见表 5–9。

表 5–9　与污染源距离分级标准及评分

污染源类型	行业类别	与污染源距离 /m	评分
工业	石油加工业	[0，750]	1
		(750，1 500]	0.5
		>1 500	0

续表

污染源类型	行业类别	距污染源距离 /m	评分
工业	羽毛（绒）、化学原料及化学制品制造业、皮革、纺织业、毛皮及其制品业	[0，1 000]	1
		(1 000，2 000]	0.5
		>2 000	0
	其他	[0，500]	1
		(500，1 000]	0.5
		>1 000	0
危险废物处置场	危险化学品、工业危险废物为主	[0，500]	1
		(500，1 000]	0.5
		>1 000	0
垃圾填埋场	农业及生活垃圾为主	[0，1 000]	1
		(1 000，2 000]	0.5
		>2 000	0
加油站	多环芳烃类、总石油类	[0，750]	1
		(750，1 500]	0.5
		>1 500	0
畜禽养殖场	抗生素药物为主	[0，500]	1
		(500，1 000]	0.5
		>1 000	0
	重金属、化肥、农药为主	[0，750]	1
		(750，1 500]	0.5
		>1 500	0

5.2.3 污染源荷载指标权重确定

根据 4.2.3 节中权重的计算方法，采用层次分析法确定 5 类污染源的权重，判断矩阵如下：

工业　垃圾填埋场　危险废物处置场　加油站　畜禽养殖场

$$B=\begin{bmatrix} 1 & 2 & 4 & 1/2 & 3 \\ 1/2 & 1 & 3 & 1/3 & 2 \\ 1/4 & 1/3 & 1 & 1/5 & 1/2 \\ 2 & 3 & 5 & 1 & 4 \\ 1/3 & 1/2 & 2 & 1/4 & 1 \end{bmatrix} \tag{5-9}$$

判断矩阵的 CR=0.0152<0.10，通过一致性检验。将 5 类污染源的权重归一化，如表 5-10 所示。

表 5-10　污染源荷载评价指标权重

污染源类型	工业污染源	垃圾填埋场	危险废物处置场	加油站	畜禽养殖场
权重	0.27	0.16	0.08	0.35	0.14

5.2.4　DRAHC 模型污染源荷载指标评价结果

5.2.4.1　污染源统计分析

本章地下水污染荷载评价的污染源数据与第 4 章有差异，结合上海市实际情况（上海市无矿山开采区，农业污染主要为畜牧养殖等），整理分析上海市污染源，将列入本章污染源荷载评价的污染源划分为 5 类：工业、垃圾填埋场、危险废物处置场、加油站和畜禽养殖场，其中工业园区涵盖了全市所有（104 个）工业集聚区，工业企业则筛选六大类重点行业类型占 80% 以上生产能力的企业作为污染企业。具体重点污染源如表 5-11 所示。

5.2.4.2 污染源荷载单项指标评价结果

基于 4.2.1 中单个污染源荷载的评价方法，根据搜集的数据计算各污染源毒性、释放可能性、可能释放量、与污染源距离以及荷载，应用 ArcGIS10.6 分析工具中缓冲区功能，缓冲距分别为 *D*/2 和 *D*，对各污染源荷载进行可视化表征。最后，采用自然间断点分级法（Jenks）将污染源荷载指数划分为 5 个等级，污染源荷载指数越大，等级越高，污染源对地下水产生影响的可能性及影响程度越大。

表 5–11 污染源清单及数量

编号	污染源类型		数量 / 个	来源	备注
1	工业	工业园区	104	上海市污染源普查结果	
		重点行业工业污染企业	115		六大类重点污染行业企业
		废弃场地	7		
2	垃圾填埋场		21		正规垃圾填埋场以及 200 t 以上的非正规垃圾填埋场
3	危险废物处置场		2		
4	加油站		763		“三桶油”
5	畜禽养殖场		89		正规垃圾填埋场

（1）工业污染荷载评价

本书共整理 226 个工业污染源（包括 104 个工业园区、115 家园区外工业企业和 7 个废弃工业污染场地），评价结果如图 5–9 所示。从分布上看，工业污染源广泛分布于整个研究区；荷载较高（2.5～3.0）区域在青浦、嘉定、宝山、松江、闵行、奉贤、金山、浦东新区均有分布，分别位于闵行某工业基地、金山某石化基地、宝山某工业区、普陀区某工业区、宝山某工业园区和嘉定西部、松江中部等工业污染源附近，这些工业污染源污染物毒性及污染释放的可能性更大。工业污染源荷载指数介于 0～3.00，污染源影响的总面积为 1 097.93 km²，占上海市总面积的 17.31%；荷载指数主要分布在 0.49～1.00 和 1.00～1.80，面积分别为 468.16 km² 和 276.81 km²，分别占污染源影响面积的 42.41% 和 25.21%。

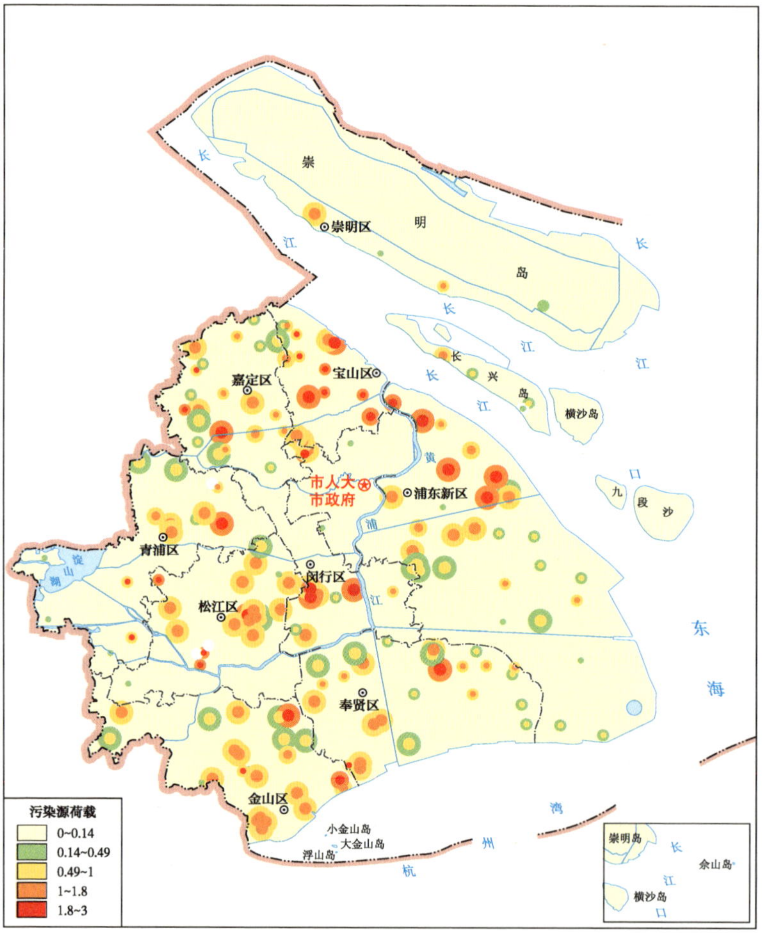

图 5–9　工业源荷载分级

（2）垃圾填埋场污染荷载评价

对上海市 21 个垃圾填埋场进行分析评价，结果如图 5–10 所示。垃圾填埋场主要分布在金山西部、松江西部、青浦南部、奉贤中部、浦东东部、嘉定北部和崇明中北部；垃圾填埋场荷载指数介于 0～10.50，污染荷载影响总面积为 217.43 km^2，占研究区总面积的 3.43%；荷载指数介于 2.10～4.20 的区域面积最大，达到 92.36 km^2，占垃圾填埋场污染源面积的 42.48%；荷载较高（指数介于 8.10～10.50）区域位于嘉定北部的嘉定区某填埋场、浦东东部的某垃圾填埋场及崇明东北部的上海某生活垃圾处置有限公司，这些垃圾填埋场填埋容量较大，可能释放污染物的量也较大。

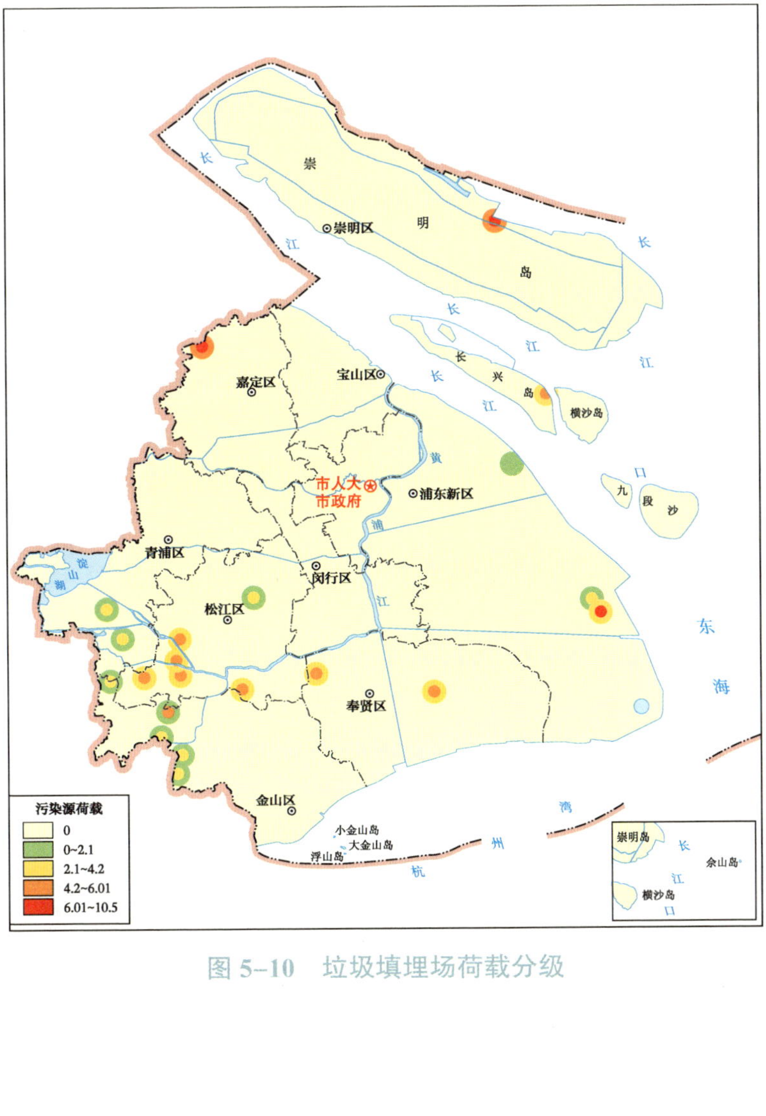

图 5–10　垃圾填埋场荷载分级

（3）危险废物处置场污染荷载评价

2 个危险废物处置场分别为位于嘉定北部的上海市某固体废物处理中心和浦东东部的上海某公司的某填埋场飞灰填埋区附近。通过分析与评价，危险废物处置场荷载指数介于 0～1.89，影响面积较小，仅为 5.89 km²，占上海市总面积的 0.09%，结果如图 5−11 所示。

图 5−11　危险废物处置场荷载分级

（4）加油站污染荷载评价

基于加油站荷载评价方法，根据上海市 763 座“三桶油”加油站（中石油 137 座、中石化 598 座、中海油 28 座）的具体特征，包括建成时间、是否有防渗池、储油罐数量（单层罐和双层罐）、主要污染指标等，对加油站荷载进行分析和评价，评价结果如表 5-12 和图 5-12 所示。

表 5-12　加油站地下水荷载分级结果

污染源荷载	面积 /km²	占污染源面积百分比 /%
0～1.41	3 739.98	0.58
1.41～3.76	648.39	24.79
3.76～4.94	88.42	3.38
4.94～8.94	1 269.14	48.53
8.94～30.00	594.07	22.72

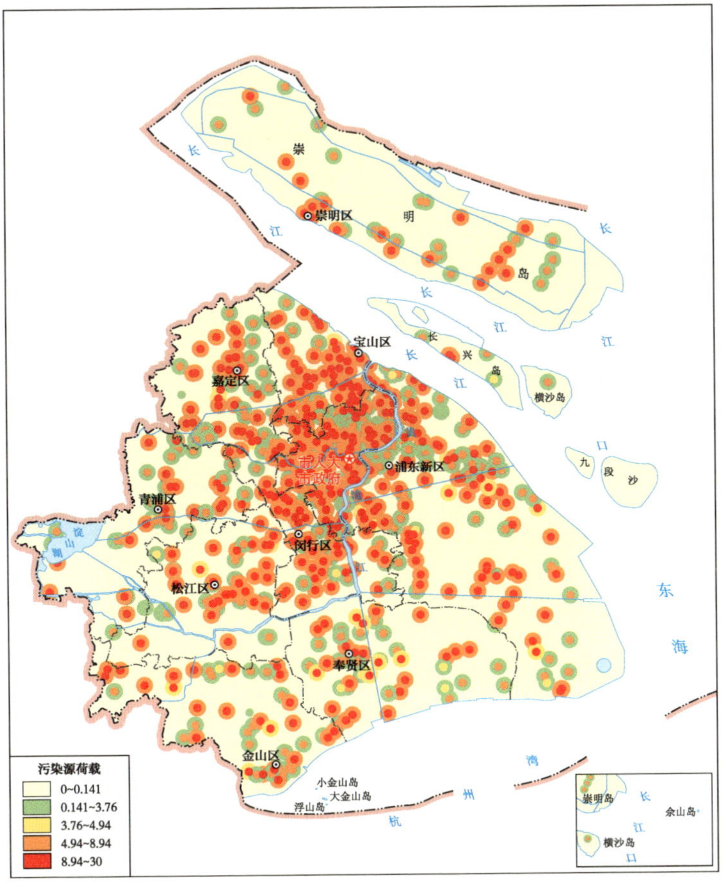

图 5-12　加油站荷载分级

由图 5-12 可知，加油站广泛分布于整个研究区，荷载指数跨度较大，介于 0～30.00，总面积达 2 615.09 km^2，占上海市总面积的 41.25%。其中，荷载指数介于 4.94～8.94 的区域最大（占比为 48.53%），荷载指数介于 1.41～3.76 和 8.94～30.00 的区域面积较大，分别为 648.39 km^2 和 594.07 km^2，占比分别为 24.79% 和 22.72%，具体见表 5-12。整体而言，北部较南部加油站分布密集、荷载大；加油站在研究区范围内分布广泛，在长宁、普陀、闸北、虹口、徐汇、杨浦、黄浦、静安八区分布较为密集；荷载较大（荷载指数介于 15.00～30.00）区域集中分布在中心城区、松江中部、金山西部、嘉定南部等区域，在宝山东部的某加油站及某油气站、嘉定南部的某加油站、徐汇中部的上海某加油有限公司、崇明南部的上海某石油有限公司等加油站附近，这些加油站储罐数量较多，污染物可能释放的量较大。

（5）畜禽养殖场污染荷载评价

畜禽养殖场荷载评价数据来源于 89 家养殖场，其中养殖生猪 54 家、蛋鸡 11 家、肉鸡 9 家、奶牛 14 家、肉牛 1 家。基于畜禽养殖场荷载评价方法，根据养殖种类、养殖数量、排放污染物类型以及防护措施等进行分析和评价，结果见图 5-13。

由图 5-13 可知，畜禽养殖场呈现中间少周围多的分布规律，主要分布在奉贤、金山、崇明、浦东南侧、青浦及嘉定北侧等地区；荷载指数介于 0～10.00，总面积为 244.43 km^2，占上海市总面积的 3.86%；荷载指数介于 0～2.08 和 2.98～5.02 的区域面积较大，分别为 102.33 km^2 和 118.26 km^2，分别占养殖场污染源面积的 41.86% 和 45.31%；污染荷载较高的区域主要分布在松江南部、浦东南部、奉贤周边和崇明北部，主要在上海某家禽养殖专业合作社、上海某畜禽养殖专业合作社、上海某有限公司薛家猪场等区域。

5.2.4.3 污染源荷载综合指标评价结果

基于地下水污染源荷载综合评价方法以及 ArcGIS10.6 软件，将

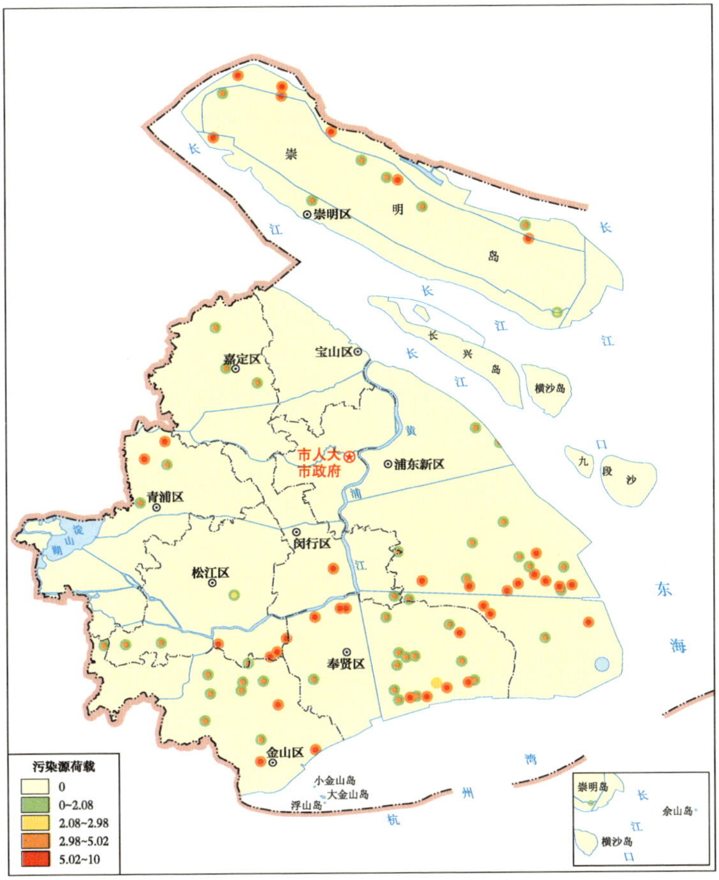

图 5-13　畜禽养殖场荷载分级

上述 5 个单项指标评价值与相应的权重相乘后求和，得到上海市地下水综合污染源荷载指数（*PI*）值，采用自然间断点分级法（Jenks）将 *PI* 值划分为低、较低、中等、较高和高 5 个等级，结果见图 5-14 和表 5-13。

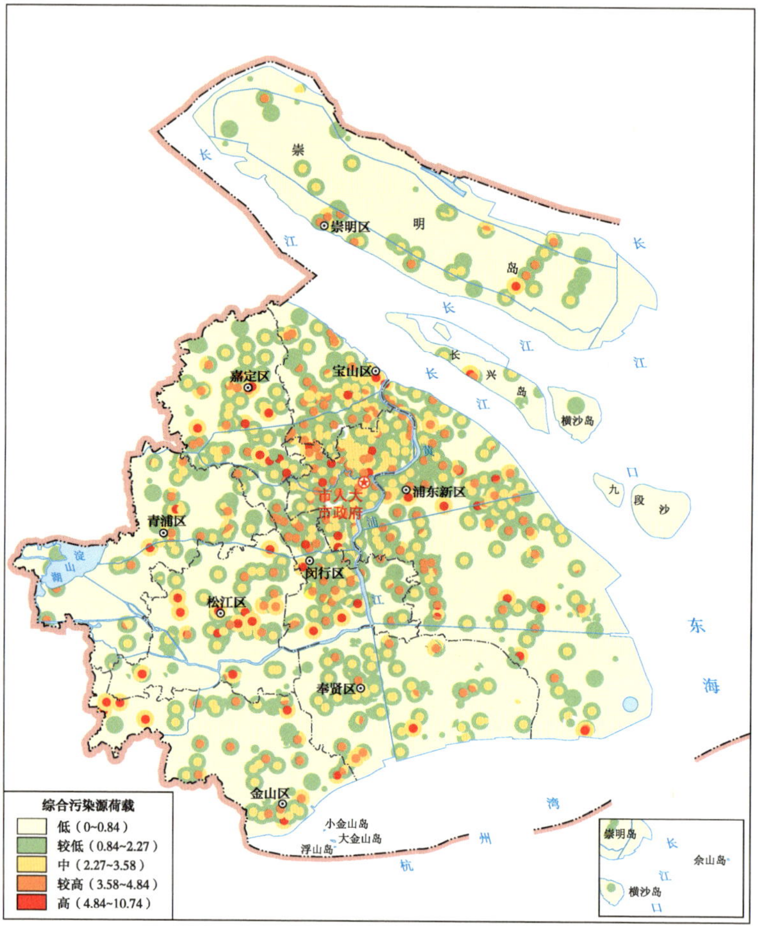

图 5-14　上海市地下水综合污染源荷载分区

表 5-13　上海市地下水综合污染源荷载评价结果

污染源荷载级别	*PI* 值	面积 /km²	占比 /%
低	0～0.84	3 734.64	58.91
较低	0.84～2.27	1 539.05	24.28
中等	2.27～3.58	702.07	11.07
较高	3.58～4.84	280.27	4.42
高	4.84～10.74	83.97	1.32

由图 5-14 和表 5-13 可知，综合污染源荷载介于 0～10.74，研究区污染源荷载以较低等级为主，面积达 1 539.05 km²，占污染源面积的 48.97%，其次是中等等级，高等级面积最小，仅为 83.97 km²。从分布上看，污染源广泛分布于整个评价区，但中心城区、宝山、嘉定、闵行等区域分布较密集，这主要与加油站、畜禽养殖场和工业污染源的分布有关，尤其是加油站；高等级的分布为四周多中间少，主要原因是垃圾填埋场、畜禽养殖场、危险废物处置场等主要分布在研究区周边；较高等级主要分布在中心城区、闵行、松江、宝山、嘉定等区域，主要原因是这些区域的加油站和工业污染源分布较多，且加油站荷载指数和工业污染源权重较大。

5.2.4.4 污染源荷载评价结果敏感度分析

敏感度分析方法同 5.1.4.3 节。

（1）单参数敏感度分析

利用 ArcGIS10.6 将研究区域划分成大小为 30 m×30 m 的网格，分别计算每个单元网格的 5 类污染源有效权重，并统计分析得到其平均值和标准差（表 5-14）。

表 5-14 单参数敏感度统计结果

污染源类型	理论权重	理论权重 /%	有效权重 /%	
			平均值	标准差
工业	0.27	27	14.34	10.32
垃圾填埋场	0.16	16	4.82	5.37
危险废物处置场	0.08	8	0.09	2.78
加油站	0.35	35	75.47	12.46
畜禽养殖场	0.14	14	5.28	7.26

由表 5-14 可知，有效权重平均值与理论权重大小排序几乎一致；垃圾填埋场和畜禽养殖场的有效权重平均值分别为 4.82% 和 5.28%，与理论权重（分别为 16% 和 14%），这可能与畜禽在研究

区分布较广有关，但总体上两类污染源权重相差较小，说明对研究区污染源荷载影响程度差不多；加油站有效权重最大，但远大于其理论权重，主要是由于研究区内加油站分布最广泛且荷载指数较大；工业有效权重为 14.34%，与理论权重（27%）相差也较大，这主要是因为在评价工业污染源荷载时，仅选取纺织业、金属制品等重点污染行业企业、工业园区和废弃场地，使工业污染源荷载对综合污染源荷载的影响程度偏小。

（2）地图移除敏感度分析

从 5 个污染源图层中每次移除一个污染源图层，使用栅格计算器计算并分析敏感度，分析结果见表 5-15。敏感度的大小顺序为加油站 > 工业 > 畜禽养殖场 > 垃圾填埋场 > 危险废物处置场。当加油站图层深被移除时，敏感度较大，达到 16.05%，其次是工业，敏感度为 6.37%，与它们具有较高权重相一致。危险废物处置场，与其权重较小相一致。地图移除敏感度分析进一步说明污染源荷载评价中权重选取的合理性。

表 5-15　地图移除分析统计结果

移除参数	敏感度 /%			
	平均值	最小值	最大值	标准差
工业	6.37	0.05	20.00	5.17
垃圾填埋场	5.60	0.02	20.00	3.00
危险废物处置场	5.01	2.39	20.00	0.42
加油站	16.05	2.80	20.00	6.08
畜禽养殖场	5.65	0.02	20.00	3.15

5.3 地下水污染风险评价

5.3.1 地下水污染风险评价体系

本章研究根据区域的水文地质和污染源特征，构建地下水脆弱性和综合污染源荷载评价方法，将人类活动影响下的地上、地下污染源荷载作为地下水主要污染来源，将地质条件决定的地下水脆弱性作为地下水防污性能，两者叠加形成得到受体——地下水的污染风险，并制作风险分级图，方法基本等同 4.3.1 节。叠加方法有相加法、相乘法、相除法、矩阵法等，本研究采用矩阵法（表 5–16）。采用自然间断点分级法（Jenks）将叠加结果划分为高、较高、中等、较低、低 5 个等级，并进行空间分区。

表 5–16 污染风险等级分类

		地下水脆弱性等级				
		低	较低	中等	较高	高
污染源荷载等级	低	低	低	较低	较低	中等
	较低	低	较低	较低	中等	较高
	中等	较低	较低	中等	较高	较高
	较高	较低	中等	较高	较高	高
	高	中等	较高	较高	高	高

5.3.2 地下水污染风险评价结果

基于 5.3.1 节中地下水污染风险评价方法，在完成上海市地下水污染源荷载及地下水脆弱性评价的基础上，进行上海市地下水污染风险评价。利用 ArcGIS10.6 将研究区域划分为 m 个单元，将每个栅格单元的污染风险分级，得到低、较低、中等、较高和高 5 个分区，如图 5–15 所示，相应统计信息见表 5–17。

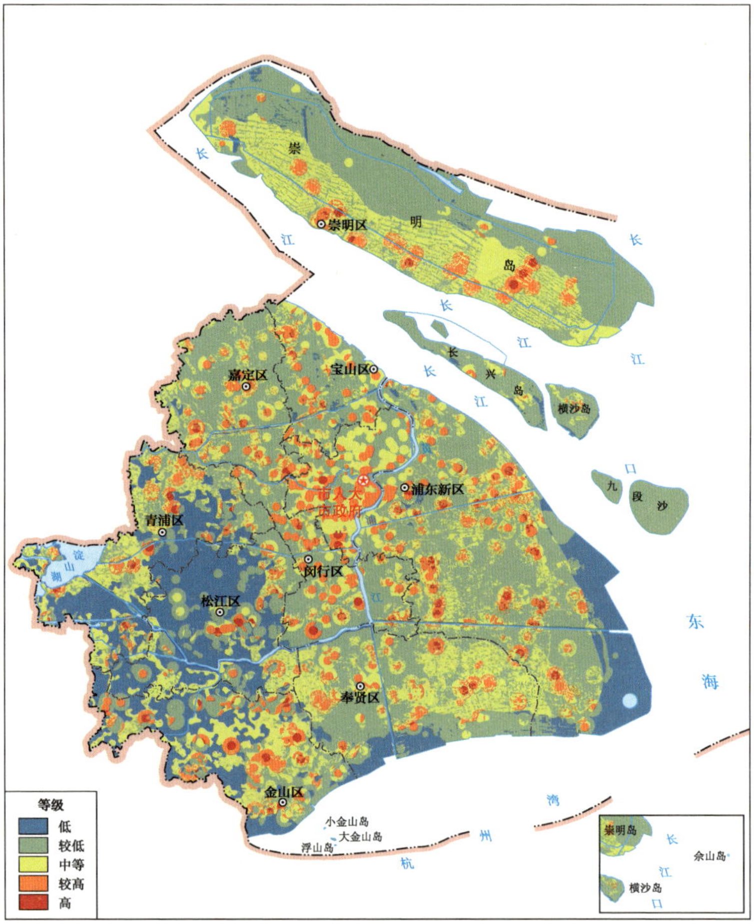

图 5-15　上海市地下水污染风险分区

表 5-17　上海市地下水污染风险分级

地下水污染风险等级	面积 /km²	占研究区百分比 /%
低	999.27	15.76
较低	2 789.00	43.99
中等	1 754.92	27.68
较高	739.56	11.67
高	57.25	0.90

总体而言，低、较低、中等 3 个级别地下水污染风险分区在研究区内分布较广，面积较大，三者面积之和达 5 543.20 km^2，占上海市总面积的 87.43%，说明上海市地下水潜在的污染可能性较小。对上海市地下水污染风险等级分区特征及可能原因分析如下：

（1）低风险区

低风险区主要分布在松江、青浦、金山北侧、奉贤南侧、浦东东侧等区域，面积为 999.27 km^2，占上海市总面积的 15.76%，这些区域污染源荷载大部分属于低等级，占低风险区总面积的 86.24%，尤其是浦东东侧、青浦南侧等区域污染源分布较少，且大部分区域属于低脆弱性评价区（占低风险区总面积的 55.78%），地下水防污性能强，地表污染物很难下渗到潜水含水层。

（2）较低风险区

较低风险区分布范围最广，几乎遍布所有研究区域，面积为 2 789 km^2，占上海市总面积的 43.99%。该区域地下水脆弱性等级多为较高、中等（分别占较低风险区总面积的 30.53%、57.73%），但污染源荷载较低，其中低等级占较低风险区总面积的 67.29%，潜水含水层受污染的可能性相对较低；小部分区域（占较低风险区总面积的 4.22%）污染源荷载较高，但是地下水系统防污性能强，均为低等级，因此潜水含水层受污染的可能性也相对较低。

（3）中等风险区

中等风险区广泛分布于研究区，分布范围较广，仅次于较低风险区，面积为 1 754.93 km^2，占上海市总面积的 27.68%。其中，大部分区域（占中等风险区总面积的 56.64%）的地下水脆弱性较高（等级为高），但污染源荷载较低（等级为低），主要分布在金山、青浦、奉贤东侧、崇明南侧等区域；少部分区域（占中等风险区总面积的 1.85%）污染源密布、荷载较高，但地下水脆弱性较低，具有一定的防污性能，零星分布在宝山、金山、松江等区域。

（4）较高风险区

较高风险区面积为 739.56 km^2，占上海市总面积的 11.67%，零星分布于整个研究区，分布范围较广。其中，污染源荷载等级为较低且地下水脆弱性等级为高区域的面积为 246.35 km^2，占较高风险区域总面积的 33.31%，该区域地下水防污性能差且具有一定的污染源荷载风险，污染风险较高，主要分布在崇明、金山、青浦、奉贤、浦东等区域；地下水脆弱性和污染源荷载等级为中等或较高的区域较大，占较高风险区域的 52.05%，这些区域污染源荷载较高且防污性能一般，分布较广，但中心城区、闵行、宝山等区域比较密集。

（5）高风险区

相较于其他风险区，高风险区面积最小，仅 57.25 km^2，占上海市总面积的 0.90%，零星分布于浦东、金山、青浦等区域，这些区域污染源荷载风险大，地下水系统防污性能差，污染风险大，容易被污染；地下水脆弱性和污染源荷载等级均为高的区域较小，仅占高风险区的 8.18%，零星分布于青浦、金山、浦东等区域。

5.3.3 地下水污染风险评价结果验证

在地下水污染风险的评价过程中，存在许多不确定性因素，可能会对评价结果产生很大影响，所以需要通过实测数据对评价结果进行验证，从而保证评价结果的质量。本研究以硝酸盐为特征污染物，根据收集的 183 口浅层地下水监测井（图 5-16）的硝酸盐监测结果，计算硝酸盐浓度与地下水污染风险的关系，并用斯皮尔曼相关系数表征。具体验证过程如下：

（1）基于收集的 183 个点硝酸盐浓度，结合 ArcGIS10.6 软件插值分析功能中反距离权重法，插值得到硝酸盐浓度栅格图，并根据《地下水质量标准》（GB/T 14848—2017）的分类标准，将硝酸盐浓度划分为 5 个等级，相对应等级排序为 1～5，见表 5-18。

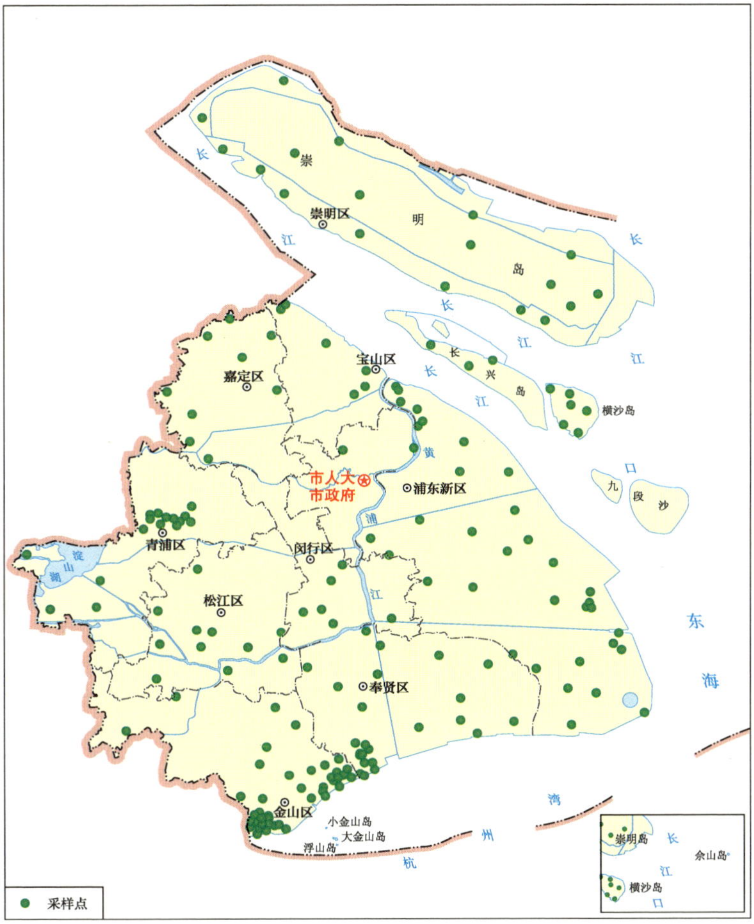

图 5-16　硝酸盐采样点分布

表 5-18　硝酸盐等级排行名次

硝酸盐（以 N 计算）/（mg/L）	≤ 2	(2, 5]	(5, 20]	(20, 30]	≥ 30
类别	Ⅰ	Ⅱ	Ⅲ	Ⅳ	Ⅴ
等级排序	1	2	3	4	5

（2）将地下水污染风险等级低、较低、中等、较高和高的等级排序为 1～5。

（3）计算斯皮尔曼相关系数（p），并根据（p）值确定硝酸盐浓度与地下水污染风险之间的关系，具体标准见表 5-19。

表 5-19　p 等级划分

p 取值	$\lvert p\rvert< 0.3$	$0.3 \leqslant \lvert p\rvert<0.5$	$0.5 \leqslant \lvert p\rvert<0.8$	$\lvert p\rvert \geqslant 0.8$
相关性	不相关	弱相关	中相关	强相关

通过上述方法计算可得 p 为 0.84，属于强相关（$\lvert p\rvert \geqslant 0.8$），表明地下水污染风险评价结果合理。

6

叠加特殊脆弱性的地下水脆弱性和污染风险评价
——以上海市金山区为例

传统 DRASTIC 模型以本质脆弱性为基础开展地下水脆弱性评价，但是平原河网地区河网密布、经济发达、地下工程众多，在快速的社会经济发展过程中，会造成地表水的污染，地表水污染会通过渗透交换影响地下水，地下工程建设和运行过程也会改变地下水流向，造成地下水污染。因此，本章主要在地下水本质脆弱性的基础上，增加地表水系和地下工程作为特殊脆弱性，探索性地构建了一套叠加特殊脆弱性的平原河网地区地下水脆弱性和污染风险评价体系，并以金山区为例，开展了地下水脆弱性和污染风险试点评价工作。

6.1 研究区域概况

上海市金山区地处东经 120°～121°25′、北纬 30°40′～30°58′，全区陆地总面积为 636 km^2，是长江三角洲经济区中心之一。全境地势低平，地面高程自北西至东南略有升高，地面高程多在 3.0～6.5 m（吴淞高程）；区内河渠交织成网，河流隶属黄浦江水系。金山土壤受地貌地势的制约，发育于湖泊沉积、河湖交互沉积、江海交互沉积和江河冲积 4 种母质的基础之上，在不同地域分别经历了盐渍化、草甸化和沼泽潜育化的过程，又经过长期人为影响，逐步形成水稻土和潮土两个土类。按照上海市水文地质分区结果，金山区跨越湖沼平原、滨海平原、潮坪 3 个地貌单元，局部为剥蚀残丘。其中，区域西北角为湖沼平原（Ⅳ区），中部大部分为湖沼平原（Ⅲ区），东侧小部分区域为滨海平原和潮坪地貌（Ⅰ区）。各分区特征如表 6-1 所示。

表 6-1　金山区分区特征

分区	土壤特征	污染迁移特征
Ⅰ区	浅部以粉性土、砂土为主	有利于污染物垂向、水平向迁移
Ⅲ区	浅部无粉性土、砂土分布	不利于污染物迁移
Ⅳ区	浅部有厚层硬黏性土分布	污染物无法向下穿越

金山区在晚太古代金山地区海底火山活动强烈，至早元古代中期的五台运动，地层发生强烈褶皱、断裂。中元古代到晚元古代，经历晋宁运动上升成陆，并相对稳定。古生代出现多次大规模海侵，地壳多次升降。中生代岩浆活动又开始活跃，经过燕山运动，形成新的华夏系构造格局，早期老村旋回和黄尖旋回为本区主要成岩期。新生代喜马拉雅运动使地层发生褶皱、变质和断裂，又经过第四纪冰期影响和多次海侵，在海陆相交替沉积作用下，形成基岩上部地层。如今，金山区平原具有湖沼平原、滨海平原、星散残丘 3 个一级地貌类型（表 6-2）。

金山区跨越湖沼平原（I1 和 I2 区）、滨海平原、潮坪个地貌单元（图 6-1），局部为剥蚀残丘。区域西北角为湖沼平原 I1 区，中部大部分为湖沼平原 I2 区，东侧小部分区域为滨海平原和潮坪地貌。区内地形略有起伏，地面标高多在 3.0~6.5 m（吴淞高程）。

表 6-2　金山区地貌类型简述

地貌单元		分布范围	形态特征	成因特点	发育年龄	土壤组合
湖沼平原	湖沼“碟形”低荡田、低田	相接连片较为封闭的腹部洼地	处在碟形洼地底部，地面高程多在 3.2 m 以下，地势低洼，地下水位高，通常在 50 cm 以上，土体渍潜仍明显	湖泊沉积为主，兼有湖河交互沉积镶嵌分布，在 1 m 沉积体内广布埋藏泥炭层或腐泥层，湖沼特点明显	泥炭层或腐泥层的埋藏深度常在 50~80 cm，经 C14 测定，其年龄在 1 800 年左右。由此推论，其上沉积层不足上述发育年龄	以青泥土、青紫泥组合为主，其次为青紫土、青黄泥组合
	湖沼—海积“碟坡”低平田	沿湖沼洼地中心自北而东、自东而南呈环形分布	处在碟形洼地底部向碟缘之间过渡地段，地势仍低，但略有微波起伏，地面高程多在 3.2~3.5 m，土体渍水仍明显	湖河交互沉积为主局部兼有江海沉积物镶嵌，在湖河交互沉积层仍有埋藏泥炭层或腐泥层；而在先期江海沉积层中可见枝状砂姜	泥炭层或腐泥层年龄在 1 800~2 000 年；埋藏砂姜沉积层的年龄在 2 100 年左右	以青紫泥、青紫土、青黄泥、青黄土组合为主，其次为青黄土、黄潮泥组合

续表

地貌单元		分布范围	形态特征	成因特点	发育年龄	土壤组合
滨海平原	中部“老海积”高平田	宽窄不一的狭长地带	呈半月形环绕湖沼平原，可谓西部洼地的碟缘部位，断续出现贝壳砂层，此层或深或浅埋藏在数十厘米或 1 m 以下。地面高程为 3.5～4.5 m，稳定地下水在 120～150 cm	以较老的江海沉积为主，其成因较复杂，埋藏有较古老的贝壳砂层，也有其后的古表土层，部分还覆盖着较年轻的河流冲积层，呈二元结构	据考古及 C14 测定，先期沉积的贝壳砂距今已有 5 000 多年，个别近 7 000 年，而部分上覆的冲积层，大致与浦江冲积物同期	以沟干泥、沟干潮泥组合为主
	滨海“潮间”滩涂	条带状平行于海岸线	海堤外侧滩地，微地形向海域逐步倾斜，其间因潮沟形成而出现横向起伏	随海潮涨落的潮间地带，既有泥沙堆淤，又有海潮侵渍的往复过程	目前高潮位时仍为水下淤泥，低潮位时可出露水面，部分已有自然生草过程，究其本质，尚未自然成陆	以潮间盐土、潮间盐化土组合为主

续表

地貌单元		分布范围	形态特征	成因特点	发育年龄	土壤组合
星散残丘	西部平原残丘	分布于金山境内的湖沼平原上	多为拔起平原之上的孤丘，相对高差都不足百米，多数残丘仅 60～70 m 或 20～30 m	以岩石露头系中生代火山岩为主，其基部为深厚的第四纪沉积物覆盖，说明是新构造运动强烈下沉的缘故	基岩的地质年龄为中生代侏罗纪，其风化物是相应生物气候的产物	黄棕壤
	南端海域残丘	分布于南端杭州湾海域内基岩海岛，由大金山、小金山组成	海岛突起于海面之上，面积不大，目前已辟为自然保护区	地质年龄与西部平原上残丘相仿	同上	黄棕壤

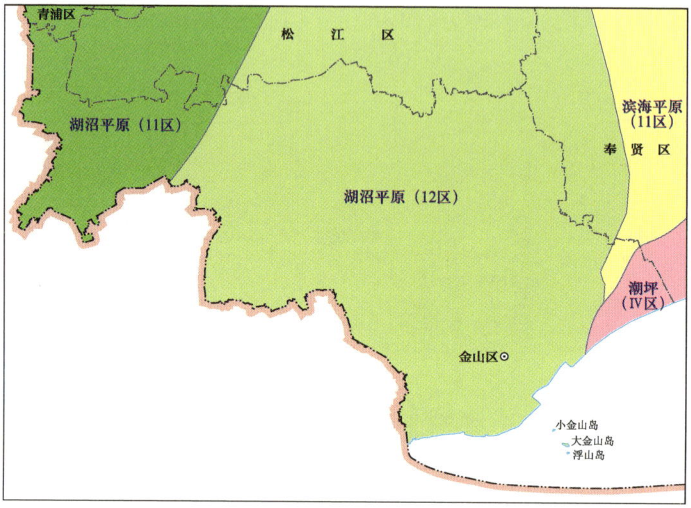

图 6-1 金山区地貌类型

6.2 叠加特殊脆弱性的地下水脆弱性评价方法

6.2.1 地下水脆弱性指标体系构建

一般而言，地下水脆弱性评估主要针对浅层地下水的水文地质条件，提出适宜的孔隙潜水、岩溶水及裂隙水的地下水脆弱性评估方法，得出在天然状态下地下水对污染所表现的本质敏感属性。这就是传统的地下水本质脆弱性，它与污染源或污染物的性质和类型无关，取决于地下水所处的地质与水文地质条件，是静态、不可变和人为不可控制的。然而人类活动对地下水环境的长期强烈累计影响能够使决定地下水脆弱性的某些因子发生变化，从而使地下水脆弱性在空间和时间上发生演变。

以典型平原河网地区上海市为例，其浅层地下水具有明显的区域特征：①潜水自由水面埋深较浅，大部分为 0.3～1.5 m，局部为 1.5～2.0 m，水位年变幅为 0.3～1.3 m；②雨量充沛，大气降水是潜水的主要补给来源，其次受农田地表水灌溉及江、湖地表水补给；③潜水的径流速度缓慢，径流条件差，潜水排泄主要是潜水蒸发，其次为人为开采和排泄于地表水体；④浅部地层人为扰动明显，地下水系统受到明显的分割和阻隔。

在这种区域特征条件下，浅层地下水系统除了受本身地质条件的影响之外，还极易受到其他特征因素的影响，主要包括：①地表水系发达，河网密集分布，河网切割侵蚀易影响包气带土层；②地表水与邻近浅层地下水交换频繁，地表水体水质状况会直接影响地下水质量；③城市化程度高，地下工程发达，地下工程在不同程度上阻隔、分割了地下水系统，改变了地下水的流向、渗透性能等；④地下工程施工运行阶段如防渗措施不到位，排放的污染物将直接影响地下水水质。

鉴于此，将影响平原河网地区地下水脆弱性的因素分为两部分：①本质脆弱性影响因子。由区域浅部地层自身水文地质条件决定；②特殊脆弱性影响因子。即区域浅部地层及地下水系统本身以外，地下水所受到的外部和人类干扰活动的影响。其中，本质脆弱性因子参照 DRASTIC 模型，确定为 7 个水文地质参数（D、R、A、S、T、I、C）。而特殊脆弱性因子主要为地表水系和地下工程，并进一步将地表水系细化为河流水质、河网密度和河流等级 3 个二级指标，将地下工程细化为建设年代、建设深度、防渗等级 3 个二级指标。

基于平原河网地区地下水脆弱性影响因素分析，初步建立基于不同目标层的平原河网地区浅层地下水脆弱性评价指标体系，如图 6-2 所示。

（1）本质脆弱性评价体系

基于不同指标权重，计算 7 个指标的加权（DB_1）得到本质脆弱性综合指数：

$$DB_1 = D_W D_R + R_W R_R + A_W A_R + S_W S_R + T_W T_R + I_W I_R + C_W C_R \quad (6-1)$$

式中，下标 R 为该脆弱性指标的实际值；下标 W 为该脆弱性指标的权重；DB_1 为本质脆弱性综合指数，其值越高，表示地下水本质

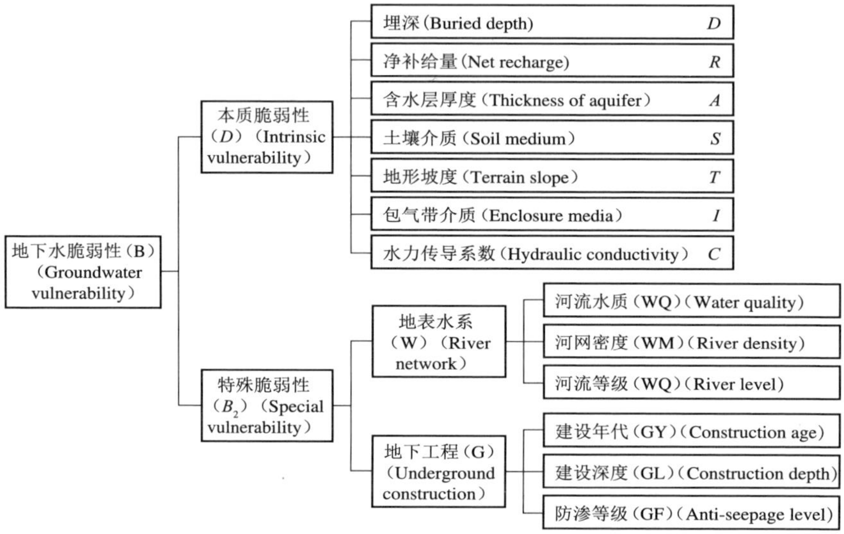

图 6–2　地下水脆弱性评价指标体系

脆弱性越高，即地下水越脆弱。

（2）特殊脆弱性评价体系

地下水的特殊脆弱性综合指数（DB_2）计算方法与本质脆弱性一致，为不同指标值与指标权重乘积的加和。

地表水系脆弱性指数：

$$DW=(WQ)_W(WQ)_R+(WM)_W(WM)_R+(WJ)_W(WJ)_R \quad （6-2）$$

地下工程脆弱性指数：

$$DG=(GY)_W(GY)_R+(GL)_W(GL)_R+(GF)_W(GF)_R \quad （6-3）$$

特殊脆弱性综合指数：

$$DB_2=W_WW_R+G_WG_R \quad （6-4）$$

同理，DB_2 值越高，表示地下水特殊脆弱性越高，即地下水越脆弱。

（3）地下水综合脆弱性计算

在地下水本质脆弱性和特殊脆弱性计算的基础上，两者叠加即可得到区域的地下水综合脆弱性。

区域综合脆弱性指数（*DI*）具体计算公式如下：

$$DI = B_{1W} \times DB_1 + B_{2W} \times DB_2 \qquad (6-5)$$

式中，B_{1W} 和 B_{2W} 分别代表本质脆弱性和特殊脆弱性的权重。

根据公式（6–5）即可计算出区域的地下水脆弱性综合指数 *DI* 值，*DI* 值越高，表示地下水脆弱性越高，*DI* 值越低，即地下水脆弱性越低。将计算出的 *DI* 值进行指数等级划分，分成 5 级，即将该区域地下水脆弱性分成 5 级，分别为一、二、三、四、五级，一级脆弱性最低，五级脆弱性最高，并在 GIS 环境下编辑得出地下水脆弱性等级分区图。

6.2.2 指标权重确定

对于本质脆弱性的 7 项参数（*D*、*R*、*A*、*S*、*T*、*I*、*C*），按其对地下水脆弱性的影响程度的不同，分别赋予 DRASTIC 模型提供的权重值：5、4、3、2、1、5、3，进行归一化后权重值见表 6–3。参考 DRASTIC 模型权重，按不同因素对地下水脆弱性的影响程度的不同，利用层次分析法，并结合专家打分对地表水系和地下工程两个因素赋予权重值，进一步对其二级指标河流水质、河网密度和河流等级、建设年代、建设深度和防渗等级分别赋值（表 6–4）。另外，计算综合脆弱性指数时，采用专家打分法赋予本质脆弱性和特殊脆弱性的权重值均为 0.5。

表 6–3　本质脆弱性评价指标权重

本质脆弱性评价指标	*D*	*R*	*A*	*S*	*T*	*I*	*C*
权重	0.217	0.174	0.131	0.087	0.043	0.217	0.131

表 6-4 特殊脆弱性评价指标权重

特殊脆弱性评价一级指标	*W*			*G*		
权重	0.4			0.6		
特殊脆弱性评价二级指标	WQ	WM	WJ	GY	GL	GF
权重	0.488	0.336	0.185	0.292	0.184	0.524

6.3 地下水脆弱性评价

6.3.1 指标等级划分和赋值

结合文献调研、金山区水文地质条件及指标数据分析，确定潜水含水层 DRASTIC 模型 7 个指标和地表水系、地下工程特殊脆弱性指标的等级划分，并给出相应评分值，分别如表 6-5 和表 6-6 所示。

6.3.2 脆弱性评价结果

根据计算结果，采用 GIS 软件自动分级划分，可得到评价区的本质脆弱性、地表水系和地下工程特殊脆弱性及综合脆弱性分区结果，均分为低、较低、中等、较高和高 5 级（图 6-3），并统计综合脆弱性各等级所占面积，如表 6-7 所示。

由图 6-3a 和表 6-7 可知，金山区地下水本质脆弱性呈现明显的由西向东逐渐增加的趋势，西部以低和较低级别为主，面积分别为 72.56 km^2 和 70.76 km^2，中部以中等级别为主，面积达到 196.43 km^2，东部以较高和高级别为主，面积分别为 197.79 km^2 和 98.90 km^2；脆弱性东高西低的特征与金山区自西向东由湖沼平原向滨海平原过渡相关。整体而言，金山区地下水脆弱性较高，中等级别以上占全区面积的 77.48%。

表 6–5　本质脆弱性评价指标等级划分和赋值

指标		D/m	R/（mm/a）	A/m	S	T/%	I	C/（m/d）
评分	1	>3.4	≤ 165	>60	非胀缩和非凝聚性黏土	>10	黏土	[0，0.4]
	2	(3.0，3.4]	(165，175]	(55，60]	黏质壤土	(9，10]	亚黏土	(0.4，0.8]
	3	(2.6，3.0]	(175，185]	(50，55]	粉质壤土	(8，9]	亚砂土	(0.8，1.2]
	4	(2.2，2.6]	(185，195]	(45，50]	壤土	(7，8]	粉砂	(1.2，1.6]
	5	(1.8，2.2]	(195，205]	(40，45]	砂质壤土	(6，7]	粉细砂	(1.6，2.0]
	6	(1.4，1.8]	(205，215]	(35，40]	胀缩或凝聚性黏土	(5，6]	细砂	(2.0，2.4]
	7	(1.0，1.4]	(215，225]	(30，35]	粉砂、细砂	(4，5]	中砂	(2.4，2.8]
	8	(0.6，1.0]	(225，235]	(25，30]	砾石 / 中砂、粗砂	(3，4]	粗砂	(2.8，3.2]
	9	(0.2，0.6]	(235，245]	(20，25]	卵砾石	(2，3]	沙砾石	(3.2，3.6]
	10	≤ 0.2	>245	≤ 20	薄或缺失	[0，2]	卵砾石	>3.6

表 6-6　特殊脆弱性指标分级和赋值

一级指标		W			G		
二级指标		WQ	WM/(km/km²)	WJ	GY/a	GL/m	GF
评分	2	≤Ⅱ类	[0,1]	支二级	[0,5]	[0,2]	Ⅰ级
	4	Ⅲ类	(1,2]	支一级	(5,10]	(2,5]	Ⅱ级
	6	Ⅳ类	(2,3]	次干	(10,20]	(5,10]	Ⅲ级
	8	Ⅴ类	(3,4]	主干	(20,30]	(10,20]	Ⅳ级
	10	劣Ⅴ类	>4	湖泊	>30	>20	无防渗

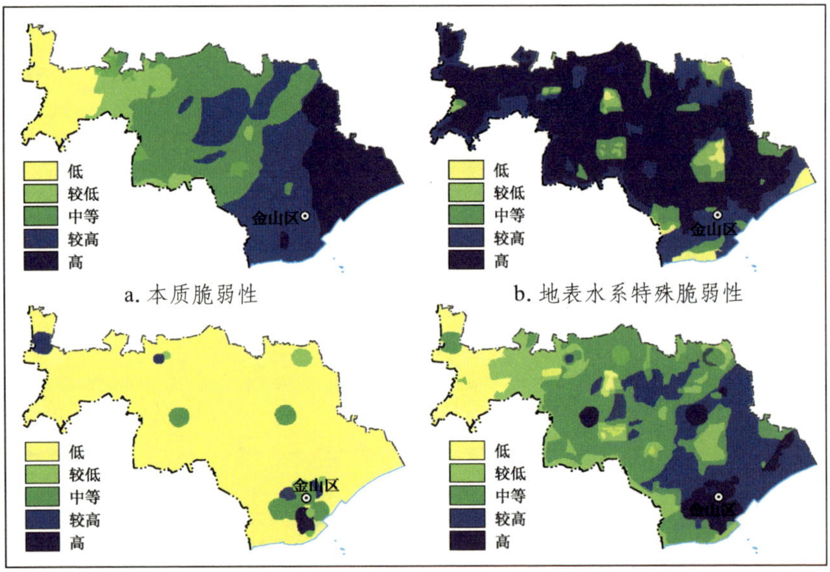

c. 地下工程特殊脆弱性　　d. 综合脆弱性

图 6-3　评价区地下水脆弱性评价分区

从图 6-3（b）和表 6-7 中可以看出，金山区地表水系特殊脆弱性主要是高级别，面积达到 419.03 km²，占评价区面积的 65.84%；其次是较高级别，面积为 136.75 km²，占评价区面积的 21.49%；其他级别面积都较小。对照金山区河网水系情况，水质较差，基本处于Ⅳ类～劣Ⅴ类；河网密度较高，大多处于 3 km/km² 以上，这些都是造成脆弱性较高的主要原因。而地下工程特殊脆弱性（图6-3c）评价结果主要为低级别，面积达到 582.82 km²，占评价区面积的 91.57%；较高和高级别面积均很小，分别为 11.74 km² 和 5.09 km²，主要分布在东南部工业集聚区和西部零星区域。对照金山区地下工程情况，分布较少且集中，建设时间大多低于 10 年，防渗等级都处于Ⅱ级和Ⅰ级水平，因此区域地下工程特殊脆弱性较低。

表 6-7　评价区地下水综合脆弱性评价结果

<table>
<tr><th colspan="3"></th><th>低</th><th>较低</th><th>中等</th><th>较高</th><th>高</th></tr>
<tr><td colspan="2" rowspan="2">本质脆弱性</td><td>面积 /km²</td><td>72.56</td><td>70.76</td><td>196.43</td><td>197.79</td><td>98.90</td></tr>
<tr><td>占评价区百分比 /%</td><td>11.40</td><td>11.12</td><td>30.86</td><td>31.08</td><td>15.54</td></tr>
<tr><td rowspan="4">特殊脆弱性</td><td rowspan="2">地表水系</td><td>面积 /km²</td><td>14.09</td><td>29.34</td><td>37.24</td><td>136.75</td><td>419.03</td></tr>
<tr><td>占评价区百分比 /%</td><td>2.21</td><td>4.61</td><td>5.85</td><td>21.49</td><td>65.84</td></tr>
<tr><td rowspan="2">地下工程</td><td>面积 /km²</td><td>582.82</td><td>11.32</td><td>25.47</td><td>11.74</td><td>5.09</td></tr>
<tr><td>占评价区百分比 /%</td><td>91.57</td><td>1.78</td><td>4.00</td><td>1.84</td><td>0.80</td></tr>
<tr><td colspan="2" rowspan="2">综合脆弱性</td><td>面积 /km²</td><td>74.23</td><td>112.40</td><td>231.94</td><td>171.89</td><td>45.97</td></tr>
<tr><td>占评价区百分比 /%</td><td>11.66</td><td>17.66</td><td>36.44</td><td>27.01</td><td>7.22</td></tr>
</table>

图 6-3d 和表 6-7 是叠加所得的综合脆弱性结果，可知整个评价区地下水脆弱性以中等和较高为主。其中，中等级别广泛分布于评价区中部、东部和西部局部区域，面积达到 231.94 km²，占评价区面积的 36.44%；其次为较高，主要分布于东部和中部等地表水系比较集中的区域，面积为 171.89 km²，占比为 27.01%；高等级区域面积最小，仅为 45.97 km²，主要分布在南部和中部零星区域，与这些区域地下工程和河流密布一致，说明这些区域在地下水埋深、含水层厚度、补给量、地表水系和地下工程等因素的综合作用下，已经直接且显著影响了地下水的脆弱性。

6.4 地下水污染源荷载评价

6.4.1 污染源统计分析

根据国家地下水重点污染源类型进行系统梳理，金山区污染源主要是四大类，包括石油销售、工业园区及工业企业、垃圾填埋场和畜禽养殖场。梳理评价区四大类污染源名录及信息，结合评价区水文地质背景及各类污染源特性设定影响半径（以污染源场地边界向外延伸的距离），具体见表 6–8。

表 6–8 评价区污染源清单信息

污染源类型		数量 / 个	特征	推荐缓冲半径 /km
石油销售		54	拥有地埋式储油罐	1.5
工业	工业园区	13	均为国家级、市级工业园区，以化工类为主	2.5
	园区外工业企业	223	以表 4-15 中所列污染类型企业为主	1.5
垃圾填埋场		5	正规及 200 t 以上的非正规垃圾填埋场	2.0
畜禽养殖场		40	规模化养殖场	1.0

6.4.2 污染源荷载评价结果

污染源荷载指标中污染物毒性、污染物释放的可能性和污染物可能释放的量，以及相关的评价方法同 4.2.1～4.2.3 节。

根据计算结果可得评价区单项污染源荷载评分和各自所占面积，如图 6–4a、b、c、d 和表 6–9 所示。叠加单项污染源荷载得到综合荷载指数，采用 GIS 软件自动分级划分，分为低、较低、中等、较高和高 5 级（图 6–4e），并统计各等级所占面积，如表 6–10 所示。

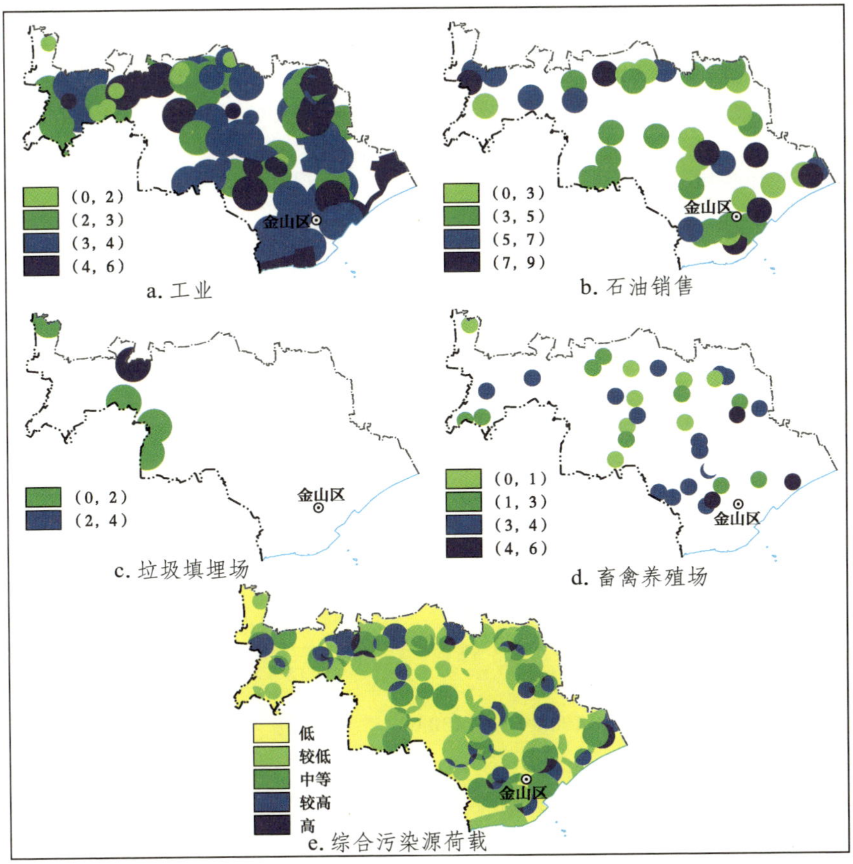

图 6–4　评价区地下水污染源荷载评价

表 6–9　评价区单项污染源荷载评价结果

污染源类型	评价结果		
	评分	面积 /km²	占评价区百分比 /%
工业	(0,2]	20.04	3.15
	(2,3]	103.63	16.28
	(3,4]	215.38	33.84
	(4,6]	137.56	21.61

续表

污染源类型	评价结果		
	评分	面积 /km²	占评价区百分比 /%
石油销售	(0,3]	50.49	7.93
	(3,5]	106.23	16.69
	(5,7]	58.73	9.23
	(7,9]	34.69	5.45
垃圾填埋场	(0,2]	35.78	5.62
	(2,4]	10.94	1.72
禽畜养殖场	(0,1]	25.43	4.00
	(1,3]	28.14	4.42
	(3,4]	41.02	6.45
	(4,6]	9.49	1.49

表 6-10　评价区综合污染源荷载评价结果

	低	较低	中等	较高	高	合计
面积 /km²	274.84	150.00	130.60	70.63	10.38	636.44
占评价区百分比 /%	43.18	23.57	20.52	11.10	1.63	100

由图 6-4a、b、c、d 和表 6-9 可知，工业园区及企业广泛分布于整个评价区，其污染荷载得分处于（0，6]，（3,4] 面积最大，达到 215.38 km²，占比为 33.84%；其次为（4，6]，面积为 137.56 km²；（0，2] 面积最小，仅为 20.04 km²。工业污染源荷载较高的区域主要在中部和东南部区域，这与金山区的工业集聚区分布密切相关。石油销售也广泛分布于评价区内，得分区间跨度较大，处于（0，9]，以（3，5] 为主，面积达到 106.23 km²，占比为 16.69%，其他得分区间面积均小于 60 km²；（7，9] 为所有荷载评价的最高分，主要分布在西北

角和东南部，是因为该区域加油站分布集中且地下储油罐数量均在 5 个及以上，较高的污染源毒性和可能释放量综合叠加导致。评价区正规及非正规垃圾填埋场共 5 个，都位于金山区西部，荷载评分分为（0, 2] 和（2，4] 两级，所占面积分别为 35.78 km^2 和 10.94 km^2，占比较小。畜禽养殖场总共 40 个，主要分布在评价区中部，评价得分为（0，6]。（3，4] 得分区间所占面积最大，为 41.02 km^2，占比为 6.45%；（4，6] 面积最小，仅为 9.49 km^2。

整体而言，评价区内工业污染源分布最为广泛，荷载影响范围最大，评价分值也较高；加油站荷载评价受地下油罐数量的影响，其单个荷载评价得分最高。工业及加油站为评价区内地下水主要的潜在污染源，应重点防治。

由图 6-4e 和表 6-10 可知，评价区污染源荷载以低等级为主，面积达到 274.84 km^2，占比为 43.18%；其次是较低和中等级，面积分别为 150.00 km^2 和 130.60 km^2，占比均超过 20%；高等级面积最小，仅为 10.38 km^2。从分布来看，低、较低和中等 3 个级别广泛分布于整个评价区，面积占整个评价区的 87.27%，而较高和高级别区域主要分布在金山区的西北部和东南部，均由工业、加油站、垃圾填埋场等污染源叠加而成。

6.5 地下水污染风险评价

6.5.1 地下水污染风险评价体系

本章对于地下水污染风险体系的构建，主要基于叠加特殊脆弱性的评价方法来实施，将地下水本质脆弱性、特殊脆弱性和污染源荷载叠加，形成污染风险评价体系（图 6-5）。

根据 6.2.1 节计算所得的地下水综合脆弱性指数和 6.4.2 节计算所得的综合污染源荷载指数，叠加得到污染风险防控值（V），公式如下：

$$V = P_I \times D_I \tag{6-6}$$

式中，V为地下水污染风险防控值，V值越大，表示地下水污染风险越高。将计算所得的污染防控值，按照等间距法划分为高、较高、中等、较低、低 5 个等级，即为确定的地下水污染风险的高、较高、中等、较低、低等级和分区，并可将分区结果在 GIS 环境下编辑成图。

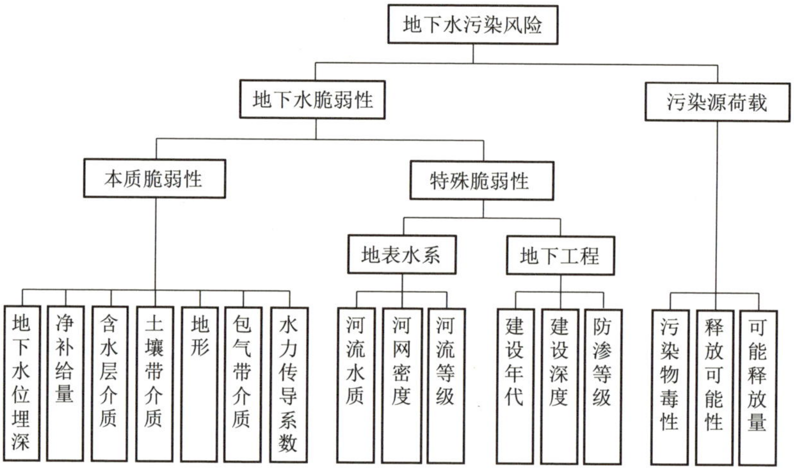

图 6-5 基于特殊脆弱性的地下水污染风险评价指标体系

6.5.2 地下水污染风险评价结果

地下水污染风险评价方法同 4.3 节。

叠加金山区地下水综合脆弱性、污染源荷载，得到地下水污染风险防控值（R）。评价区网格共 3 023 行，1 900 列，5 743 700 个像元，利用 GIS 软件将每个栅格单元的污染风险自动分级，得到低、较低、中等、较高和高 5 个分区（图 6-6），各分区所占面积见表 6-11。

表 6-11 评价区地下水污染风险评价结果

	低	较低	中等	较高	高	合计
面积 /km^2	231.13	183.02	138.59	77.14	6.56	636.44
占评价区百分比 /%	36.31	28.76	21.78	12.12	1.03	100

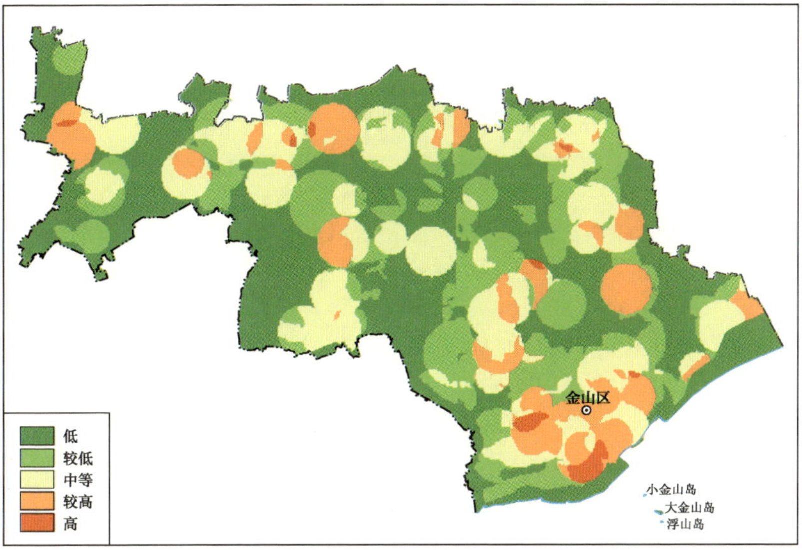

图 6–6 评价区地下水污染风险分区

根据评价结果，评价区内地下水污染风险低级别分布范围最广，面积达 231.13 km^2，占比为 36.31%；较低级别次之，面积为 183.02 km^2；高级别区域面积最小，为 6.56 km^2，占比仅为 1.03%。较高以上级别主要分布在金山南部及中部、西北部等零星区域。高风险区集中在金山南部的化工类工业园区及周边区域，主要是由于该区域属于高脆弱性分布区，地下水防污性能较差，同时也是污染源密布、荷载较高、潜在风险较大的集中区，是多因素叠加所致。

总体而言，低、较低、中等 3 个级别地下水污染风险分区在金山区内均有广泛分布，三者面积之和达 553.38 km^2，占比为 86.95%，说明金山区地下水潜在的污染可能性较小。结合区域地下水环境质量调查结果可知，金山区的南部及西部边陲地下水污染问题较为突出，这与本次污染风险评价结果有较好的一致性，说明构建的地下水污染风险评价体系及方法能很好地应用于金山区及其他类似区域。

7

结论和展望

7.1 地下水污染防控措施

7.1.1 总体思路和原则

根据上海市区域地理、水文地质等特征，结合地下水脆弱性、污染源荷载、污染风险评价结果，提出上海市地下水污染风险防控措施。

（1）地下水污染防控重点关注对象是潜水

根据上海市地层结构和水文地质条件分析可知，上海地区潜水含水层与承压含水层之间约 20 m 为黏性土土质，渗透系数小，是天然的污染物隔离层；另外，上海地区承压含水层环境质量明显优于潜水含水层，因此与污染物迁移有关的土层主要集中在20 m以浅，地下水污染防治的重点关注对象是潜水，同时兼顾承压含水层取水功能。

（2）地下水污染防控以预防为主、修复治理为辅

上海市无集中式地下水饮用水水源地，且地下水环境质量受成陆母质及天然背景的影响，以无机指标超标为主，同时，整个上海市地下水污染防治区划以防控区为主。因此，区域潜水环境保护工作应重点采用预防为主，保护优先，治理修复为辅的地下水污染防治措施。

（3）地下水污染防控关键是污染源风险管控

地下水污染具有长期性、累积性的特征，一旦污染，治理修复周期长，难度大。而且地下水污染不是地下水本身因素造成的，主要是受地表污染源影响。因此，对于地下水污染的防控，应坚持污染源监管和地下水环境保护并重，扭住重点污染源，管好重点污染源，严格实行污染风险管控，有效防治地下水污染。

7.1.2 污染源风险管控措施

根据地下水污染风险评价结果，以及重点污染源自主和监督管理原则，实施有效的污染风险管控，防止地下水污染。对于重点污染源的管理，可以分为新建、在运行和转性 3 类来执行，其自主管理和监督管理具体执行方式见表 7-1。

同时，针对地下水污染风险评价结果，对于高风险区，要严格采取地下水污染防控措施，防止地下水质量恶化。高风险区属于核心保护区，禁止排放和倾倒有毒有害废（污）水和其他废弃物；禁止使用剧毒高残留的农药；禁止利用污水灌溉；禁止开采利用地下水。严格控制重点污染源项目的准入、建设，防止地下水污染。对于目前已经存在的污染源，需开展污染源的清除、搬迁以及污染场地清理。

7.2 结论

本书相关研究以平原河网地区地下水为对象，在系统梳理平原河网区域自然地理、河网水系、水文地质及土地利用等特征的基础上，调研分析了地下水脆弱性评价、地下水污染风险评价、地下水污染荷载评价等技术方法及研究进展，探索性地提出了多种适宜于平原河网区域的地下水脆弱性及污染风险评估方法体系，并以典型平原河网地区，上海市及其金山区为例，开展了案例验证及分析。主要结论如下:

（1）DRASTIC 模型作为传统的用于地下孔隙水脆弱性评价的技

表 7-1 重点污染源管控措施

污染源类型	自主管理措施	监督管理措施
新建	场址选择、工艺设计及地下水环境保护等内容必须符合相关政策及环境影响评价要求，对存在地下水污染风险的各产污环节，必须做好防渗措施，制定地下水污染处置应急预案，降低地下水污染风险；按照国家和上海市相关要求，新建加油站地下储油罐应采用符合设计与施工规范要求的双层罐或设置防渗池，并进行防渗漏监测	严格执行环境影响评价政策，在地下水污染风险评价相对较低、条件较好的区域内新建建设项目，严格控制区域地下水污染风险； 严格把关垃圾填埋场、畜禽养殖场、加油站、工业项目等的准入； 实施企业生产运营、结构调整、技术改造等过程的监管； 及时统计汇总垃圾填埋场、畜禽养殖场、加油站、工业企业等关停并转、破产和搬迁等情况； 监督管理重点污染源场地重新开发利用的土地流转环节，包括土地收储、征收、供应等，认真对待建设用地的审批环节，督促土地再开发利用过程中的地下水环境调查、评估及修复
在运行	重点污染源单位生产运行过程中不得生产、销售或者转移、使用严重污染地下水的工艺、设备和产品；应当建立地下水污染隐患排查制度，对其产污环节和易造成地下水污染的区域做好必要的防渗措施，并定期开展排查，消除存在的隐患。在运行加油站地下单层储油罐，按照国家和上海市相关要求，应采用更换双层罐、增设防渗池等措施进行改造	
转性	重点污染源单位在废弃、关停并转、破产或搬迁等情况下，参照《上海市经营性用地和工业用地全生命周期管理土壤环境保护管理办法》的相关要求，按规定履行土壤、地下水环境调查评估及治理修复的责任。土地转性再开发利用的，按照《关于保障工业企业及市政场地再开发利用环境安全的管理办法》的相关要求，按规定履行土壤、地下水环境调查评估及污染治理修复工作	

术方法，在国内外得到广泛应用。本书第 4 章相关研究主要是基于常用的 DRASTIC 模型，叠加地下水脆弱性和污染源荷载体系，构建平原河网地区地下水污染风险评价体系，并以上海市为例开展相关评价工作。评价结果将上海市地下水污染风险划分为低、较低、中等、较高和高 5 个等级，总体显示上海市地下水污染风险较低，其中，低风险区面积最大，为 3 511.07 km²，占评估区总面积的 53.96%；较低风险区面积次之，为 2 500.10 km²，占总面积的 38.42%；中等风险区面积较小，为 462.47 km²，占总面积的 7.11%；较高风险和高风险区面积均较小，占总面积的比例均低于 0.30%。

（2）传统 DRASTIC 模型在地下水脆弱性评价和污染风险评价应用过程中，由于受到不同地区水文地质和浅部地层条件差异的影响，评价结果存在差异，可针对区域特征改进 DRASTIC 模型以提高评价结果的科学性和精准性。因此本书第 5 章基于典型平原河网地区地下水特征，在传统 DRASTIC 模型基础上，合并相似指标，扣除一致性指标，更新特征指标，探索性地形成了改进的 DRAHC 模型，开展地下水脆弱性、污染风险评价，并进行了敏感性分析和评价结果验证。结果表明：上海市地下水潜在的污染可能性较小，其中高风险区面积较小，仅占上海市总面积的 0.90%，零星分布于浦东、金山、青浦等区域，这些区域污染源荷载风险大，地下水系统防污性能差，地下水污染风险大，潜水含水层容易被污染；较高风险区零星分布于整个研究区域，分布范围较广，面积为 739.56 km²，占上海市总面积的 11.67%；较低等级广泛遍布于整个研究区域，面积达 2 789.00 km²，占上海市总面积的 43.99%；中等等级和低等级区域面积较大，占比分别为 27.68% 和 15.76%。通过对硝酸盐监测结果的统计分析，计算硝酸盐浓度与地下水污染风险的关系，计算得斯皮尔曼相关系数为 0.84，表明地下水污染风险评价结果合理。

（3）传统 DRASTIC 模型以本质脆弱性为基础开展地下水脆弱性评价，但是平原河网地区河网密布、经济发达、地下工程众多，在快速的社会经济发展过程中，会造成地表水的污染，地表水污染会通过渗透交换影响地下水，地下工程建设和运行过程也会改变地下水流向，造成地下水污染。因此，本书第 6 章在地下水本质脆弱性的基础上，增加地表水系和地下工程作为特殊脆弱性，探索性地构建了一套可叠加特殊脆弱性的平原河网地区地下水脆弱性和污染风险评价体系，并以金山区为例，开展了试点评价工作。结果显示：整个金山区浅层地下水污染风险分成 5 个等级，其中低风险区域面积最大，为 218.64 km^2，占评价区总面积的 36.28%；较低地下水污染风险分区的面积次之，为 173.13 km^2，占总面积的 28.73%；高风险分区面积最小，仅为 6.21 km^2，占总面积的 1.03%。较高和高级别地下水污染风险区主要集中在金山南部的上海某石化及周边区域，这些区域地下水环境需要引起足够的重视。

（4）本书第 4~6 章分别以传统 DRASTIC 模型、改进 DRAHC 模型和叠加特殊脆弱性等方法，探索构建了平原河网地区地下水脆弱性及污染风险评价体系和方法，从方法的系统性、全面性和评价结果的验证结论等角度分析，探索建立的改进 DRAHC 模型和叠加特殊脆弱性方法，要更为科学、适宜。但是，无论采用何种方法开展地下水污染风险评价，对于地下水污染防治工作，都应遵循“以防为主、防治结合、防重于治”的基本原则，坚持污染源监管和地下水环境保护并重，以自主管理和监督管理相结合的方式对重点污染源进行监管，采用预防为主、保护优先、治理修复为辅的地下水污染防治措施。

7.3 展望

由于研究时限、笔者研究技术手段和技术水平等方面的局限性，本书中许多内容还不够完善。对于平原河网地区地下水脆弱性及污染风险评估的研究和实践应用工作，尚需深入研究的内容众多，但最为实际和迫切的如下，仅供后来参考。

（1）本书采用叠置指数法评价地下水脆弱性，后续研究可以考虑综合运用各种脆弱性评价方法来进行研究（如耦合评价模型与过程模型），并比较不同方法之间评价结果的差异，使评价结果更加符合实际。

（2）本书污染源荷载评价基于各种污染源的现状，因此评价结果是暂时的，当污染源发生变化时，地下水污染风险也随之改变，故地下水污染风险评价不具备时效性，因此有必要进行持续的数据收集和评价结果的更新。

（3）本书在进行地下水污染源荷载评价时，主要考虑几类重点污染源——均为点源污染，后续研究可以综合考虑点源和面源污染对地下水的影响。

（4）本书探索性地采用了几种不同的方法来进行平原河网地区地下水脆弱性及污染风险评价，相关评价方法和评价结果的科学性和结果的准确性，尚需要后续进一步研究来确定，并研究形成更为适宜、科学的平原河网地区地下水污染风险评估体系。

参考文献

[1] Agoubi B, Dabbaghi R, Kharroubi A. A Mamdani adaptive neural fuzzy inference system for Improvement of groundwater vulnerability[J]. Ground Water, 2018, 56(6): 978-985.

[2] Ambiga K, Annadurai R. Drastic method and correlation with chromium level due to tannery industry in RANIPET area groundwater vulnerability assessment, Vellore district, Tamilnadu, India[J]. Applied Ecology & Environmental Research, 2017, 15 (3):1393-1406.

[3] Antonakos A K, Lambrakis N J. Development and testing of three hybrid methods for the assessment of aquifer vulnerability to nitrates, based on the drastic model, an example from NE Korinthia, Greece[J]. Journal of Hydrology, 2007, 333 (2-4): 288-304.

[4] Brindha K, Elango L. Cross comparison of five popular groundwater pollution vulnerability index approaches[J]. Journal of Hydrology, 2015, 524: 597-613.

[5] Busico G, Kazakis N, Colombani N, et al. A modified SINTACS method for groundwater vulnerability and pollution risk assessment in highly anthropized regions based on NO_3^- and SO_4^{2-} concentrations[J]. Sci Total Environ, 2017, 609: 1512-1523.

[6] Das B, Pal S C. Assessment of groundwater vulnerability to over-exploitation using MCDA, AHP, fuzzy logic and novel ensemble models: a case study of Goghat- Ⅰand Ⅱ blocks of West Bengal, India[J]. Environmental Earth Sciences, 2020, 79(15).

[7] Entezari M, Yamani M, Jafari Aghdam M. Evaluation of intrinsic vulnerability, hazard and risk mapping for karst aquifers, Khorein aquifer, Kermanshah province: a case study[J]. Environmental Earth Sciences, 2016, 75(5).

[8] Fritch T G, mcknight C L, Yelderman J C. An aquifer vulnerability assessment of the Paluxy aquifer, central Texas, USA, using GIS and modified DRASTIC approach[J]. Environmental Management, 2000, 25 (3): 337-345.

[9] Gogu R C, Dassargues A. Current trends and future challenges in groundwater vulnerability assessment using overlay and index methods[J]. Environmental Geology, 2000, 39(6): 549-559.

[10] Hamza M H, Added A, Rodriguez R, et al. A GIS-based DRASTIC vulnerability and net recharge reassessment in an aquifer of a semi-arid region (Metline-Ras Jebel-Raf Raf aquifer, Northern Tunisia)[J]. Journal of Environmental Management, 2007, 84 (1): 12-19.

[11] Hanen J, mounira Z, Mohamed O, et al. GIS based DRASTIC model for groundwater vulnerability assessment: case study of the shallow mio-plio-quaternary aquifer (Southeastern Tunisia) [J]. Water Resources, 2017, 44(4):595-603.

[12] He B, He J, Wang L, et al. Effect of hydrogeological conditions and surface loads on shallow groundwater nitrate pollution in the Shaying River Basin: Based on least squares surface fitting model[J]. Water Res, 2019, 163: 114880.

[13] Iqbal J, Gorai A, Katpatal Y, et al. Development of GIS-based fuzzy pattern recognition model (modified DRASTIC model) for groundwater vulnerability to pollution assessment[J]. International Journal of Environmental Science & Technology, 2015, 12(10):3161-3174.

[14] Iván V, Mádl-Sznyi J. State of the art of karst vulnerability assessment: overview, evaluation and outlook[J]. Environmental Earth Sciences, 2017, 76(3): 112.

[15] Jhariya D C, Kumar T, Pandey H K, et al. Assessment of groundwater vulnerability to pollution by modified DRASTIC model and analytic hierarchy process[J]. Environmental Earth Sciences, 2019, 78(20).

[16] Kazakis N, Voudouris K S. Groundwater vulnerability and pollution risk assessment of porous aquifers to nitrate: modifying the DRASTIC method using quantitative parameters[J]. Journal of Hydrology, 2015, 525: 13-25.

[17] Kourgialas N N, Karatzas G P. Groundwater contamination risk assessment in Crete, Greece, using numerical tools within a GIS framework[J]. Hydrological

Sciences Journal, 2014, 60(1): 111-132.

[18] Kumar A, Pramod Krishna A. Groundwater vulnerability and contamination risk assessment using GIS-based modified DRASTIC-LU model in hard rock aquifer system in India[J]. Geocarto International, 2018: 1-30.

[19] Li F, Zhu J, Deng X, et al. Assessment and uncertainty analysis of groundwater risk[J]. Environ Res, 2018, 160: 140-151.

[20] Liggett J E, Allen D M. Evaluating the sensitivity of DRASTIC using different data sources, interpretations and mapping approaches[J]. Environmental Earth Sciences, 2011, 62(8): 1577-1595.

[21] Loague K. Regional scale ground - water vulnerability estimates: impact of reducing data uncertainties for assessments in Hawaii[J]. Groundwater, 2010, 32(4): 605-616.

[22] Mahmood S N, Kumars E. Groundwater vulnerability assessment in agricultural areas using a modified DRASTIC model[J]. Environmental Monitoring & Assessment, 2016, 188(1):19-36.

[23] Mair A, El-Kadi A I. Logistic regression modeling to assess groundwater vulnerability to contamination in Hawaii, USA[J]. Journal of Contaminant Hydrology, 2013, 153(2): 1-23.

[24] Nadiri A A, Norouzi H, Khatibi R, et al. Groundwater DRASTIC vulnerability mapping by unsupervised and supervised techniques using a modelling strategy in two levels[J]. Journal of Hydrology, 2019, 574: 744-759.

[25] Neshat A, Pradhan B, Dadras M. Groundwater vulnerability assessment using an improved DRASTIC method in GIS[J]. Resources, Conservation and Recycling, 2014, 86: 74-86.

[26] Olivares E, Jimenez S, Torres S S, et al. A simple method to evaluate groundwater vulnerability in urbanizing agricultural regions[J]. Journal of Environmental Management, 2020, 261(05):110164.1-110164.12.

[27] Rajput H, Goyal R, Brighu U. Modification and optimization of DRASTIC model for groundwater vulnerability and contamination risk assessment for Bhiwadi region of Rajasthan, India[J]. Environmental Earth Sciences, 2020, 79(7).

[28] Sege J, Ghanem M, Ahmad W, et al. Distributed data collection and web-based

integration for more efficient and informative groundwater pollution risk assessment[J]. Environmental Modelling & Software, 2018, 100: 278-290.

[29] Sener E, Davraz A. Assessment of groundwater vulnerability based on a modified DRASTIC model, GIS and an analytic hierarchy process (AHP) method: the case of Egirdir Lake basin (Isparta, Turkey)[J]. Hydrogeology Journal, 2012, 21(3): 701-714.

[30] Shahab A, Shihua Q, Rad S, et al. Groundwater vulnerability assessment using GIS-based DRASTIC method in the irrigated and coastal region of Sindh province, Pakistan[J]. Hydrology Research, 2019, 50(1): 319-338.

[31] Singh A, Srivastav S K, kumar S, et al. A modified-DRASTIC model (DRASTICA) for assessment of groundwater vulnerability to pollution in an urbanized environment in Lucknow, India[J]. Environmental Earth Sciences, 2015, 74(7): 5475-5490.

[32] Singha S S, Pasupuleti S, Singha S, et al. A GIS-based modified DRASTIC approach for geospatial modeling of groundwater vulnerability and pollution risk mapping in Korba district, Central India[J]. Environmental Earth Sciences, 2019, 78(21).

[33] Souleymane K, Zhonghua T. A novel method of sensitivity analysis testing by applying the DRASTIC and fuzzy optimization methods to assess groundwater vulnerability to pollution: the case of the Senegal River basin in Mali[J]. Natural Hazards and Earth System Sciences, 2017, 17(8): 1375-1392.

[34] Tabatabaei J, Gorji L. Evaluation of Meymeh Aquifer vulnerability to nitrate pollution by GIS and statistical methods[J]. Membrane Water Treatment, 2019, 10(4).

[35] Tomer T, Katyal D, Joshi V. Sensitivity analysis of groundwater vulnerability using DRASTIC method: A case study of National Capital Territory, Delhi, India[J]. Groundwater for Sustainable Development, 2019, 9.

[36] Venkatesan G, Pitchaikani S, Saravanan S. Assessment of groundwater vulnerability using GIS and DRASTIC for upper Palar River Basin, Tamil Nadu[J]. Journal of the Geological Society of India, 2019, 94(4).

[37] Voss F D. Development and testing of method for assessing and mapping agricultural areas susceptible to atrazine leaching in the state of Washington[J].

USGS-US Geological Survey, Washington District, 2003.
[38] Wang J, He J, Chen H. Assessment of groundwater contamination risk using hazard quantification, a modified DRASTIC model and groundwater value, Beijing Plain, China[J]. Sci Total Environ, 2012, 432: 216-226.
[39] Wu H, Chen J, Qian H. A modified DRASTIC model for assessing contamination risk of groundwater in the northern suburb of Yinchuan, China[J]. Environmental Earth Sciences, 2016, 75(6).
[40] Wu W, Yin S, Liu H, et al. Groundwater vulnerability assessment and feasibility mapping under reclaimed water irrigation by a modified DRASTIC model[J]. Water Resources management, 2014, 28(5): 1219-1234.
[41] Yang J, Tang Z, Jiao T, et al. Combining AHP and genetic algorithms approaches to modify DRASTIC model to assess groundwater vulnerability: a case study from Jianghan Plain, China[J]. Environmental Earth Sciences, 2017, 76(12): 426.
[42] You H, Xu L, Ye C, et al. Evaluation of groundwater vulnerability with improved DRASTIC method[J]. Procedia Environmental Sciences, 2011, 10: 2690-2695.
[43] Zhang B, Li G, Cheng P, et al. Landfill risk assessment on groundwater based on vulnerability and pollution index[J]. Water Resources Management, 2016, 30(4): 1465-1480.
[44] Zhuo J, Jianmin B, Yu W, et al. Assessment and validation of groundwater vulnerability to nitrate in porous aquifers based on a DRASTIC method modified by projection pursuit dynamic clustering model[J]. Journal of Contaminant Hydrology, 2019, 226.
[45] 白利平，王业耀．地下水脆弱性评价研究综述 [J]. 工程勘察，2009, 4: 43-48.
[46] 蔡伟忠，周金龙，郭玉川．VLDA 模型及其在潜水脆弱性评价中的应用——以新疆焉耆县平原区为例 [J]. 工程勘察，2011, 39(6): 42-48.
[47] 蔡文静，张延平．基于 ArcGIS 的 DRASTIC 法地下水脆弱性评价应用研究 [J]. 地下水，2017, 39(1):18-21.
[48] 董亮，朱荫湄，胡勤海，等．应用 DRASTIC 模型评价西湖流域地下水污染风险 [J]. 应用生态学报，2002, 13(2): 217-220.
[49] 高爽．通辽市平原区地下水脆弱性评价 [D]. 北京：中国地质大学，2015.

[50] 郭高轩，李宇，许亮．北京平原区第四系地下水污染风险评价 [J]. 环境科学 , 2014, 35(2): 562-568.

[51] 郭晓静 , 周金龙 , 靳孟贵 , 等 . 地下水脆弱性研究综述 [J]. 地下水 , 2010, 32(3): 1-5.

[52] 江海浩 , 周书葵 , 陈朝猛 , 等 . 基于改进 DRASTIC 模型、GIS 和层次分析法（AHP）的地下水 U（Ⅵ）污染风险评价 [J]. 环境工程 , 2015 (3): 118-122, 125.

[53] 雷静 , 张思聪 . 唐山市平原区地下水脆弱性评价研究 [J]. 环境科学学报 , 2003, 23(1): 94-99.

[54] 李定龙 , 王宗庆 , 杨彦 . 基于综合方法的区域浅层地下水脆弱性评价——以常州市为例 [J]. 环境化学 , 2013, 32(11): 2099-2108.

[55] 李娟 , 吕宁磬 , 杨洋 . 典型场地地下水污染源强分级评价方法研究 [J]. 环境工程学报 , 2014, 8(11): 4726-4736.

[56] 李玮 . 再生水灌溉条件下浅层地下水污染风险评价方法研究 [D]. 北京 : 中国地质大学 , 2013.

[57] 刘宇 , 兰双双 , 侯树楷 . 基于空间自相关的地下水脆弱性时空演变 [J]. 环境科学 , 2017(10): 252-260.

[58] 刘玉梅 . 再生水河道利用地下水污染风险评估——以潮白河受水区为例 [D]. 北京 : 中国地质大学 , 2014.

[59] 陆燕 , 何江涛 , 王俊杰 , 等 . 北京市平原区地下水污染防控区划不确定性分析 [J]. 环境科学 , 2012, 33(9): 3117-3123.

[60] 马晋 . 地下水污染风险评价及预警模型研究 [D]. 成都 : 成都理工大学 , 2019.

[61] 孟素花 , 费宇红 , 张兆吉 , 等 . 华北平原地下水脆弱性评价 [J]. 中国地质 , 2011, 38 (6): 1607-1613.

[62] 潘宏雨 , 冯颖俊 . 基于 DRASTIC 的 AHP 在洛阳市地下水环境影响评价中的应用 [J]. 安徽农业科学 , 2015, 43 (30): 203-205.

[63] 乔萌萌 , 杨洁 , 周芮 , 等 . 基于 DRASTIC 模型的地下水脆弱性研究综述 [J]. 苏州科技大学学报（工程技术版）, 2017, 30(2):37-44.

[64] 申利娜 , 李广贺 . 地下水污染风险区划方法研究 [J]. 环境科学 , 2010, 31(4): 918-923.

[65] 生态环境部 . 地下水污染防治区划分工作指南 [R]. 北京 : 中华人民共和国生态环境部 , 2019: 8-11.

[66] 孙法圣，程品，张博．基于物理过程的矿区地下水污染风险评价 [J]. 环境科学，2014, 35(4): 1285-1289.
[67] 滕彦国，苏洁，翟远征，等．地下水污染风险评价的迭置指数法研究综述 [J]. 地球科学进展，2012, 27 (10): 1140-1147.
[68] 王红娜，何江涛，马文洁，等．两种不同的地下水污染风险评价体系对比分析——以北京市平原区为例 [J]. 环境科学，2015, 36(1): 186-193.
[69] 王俊杰，何江涛，陆燕，等．地下水污染风险评价中特征污染物量化方法探讨 [J]. 环境科学，2012, 33(3): 771-776.
[70] 吴建强，王敏，陈宇，等．平原河网地区地下水脆弱性评价体系构建及应用 [J]. 生态环境学报，2017, 26(11): 1821-1828.
[71] 严明疆，申建梅，张光辉，等．人类活动对滹滏平原地下水资源脆弱性影响分析 [J]. 地球学报，2006, 27 (增刊): 217 -222.
[72] 严明疆，申建梅，张光辉，等．人类活动影响下的地下水脆弱性演变特征及其演变机理 [J]. 干旱区资源与环境，2009, 23 (2): 1-5.
[73] 杨辰，王强，顾宇丹．上海市城市暴雨内涝评估建模及模拟研究 [J]. 气象，2017, 43(7): 879-886.
[74] 杨贵芳，姜月华，李云．基于 DRASTIC 模型的城市地下水脆弱性评价综述 [J]. 地下水，2012, 34(1): 5-8.
[75] 姚文峰．基于过程模拟的地下水脆弱性评价 [D]. 北京：清华大学，2007.
[76] 于喜鹏，宋绵，张文静．污染源半定量化的地下水有机污染风险评价——以城区典型排污河周边地下水为例 [J]. 中国环境科学，2015 (6): 111-120.
[77] 张川，唐蕴，唐克旺．呼伦贝尔高平原地区浅层地下水脆弱性评价 [J]. 水资源保护，2016, 32(3): 19-23, 32.
[78] 张洪伟，王军进，张国珍．地下水燃油污染物迁移模型的参数敏感性分析 [J]. 兰州交通大学学报，2018, 37(5): 74-79.
[79] 张佳文，张伟红，陈震，等．地下水污染风险评价——北京密怀顺地区地下水污染风险评价方法探究 [J]. 环境科学学报，2018, 38(7): 2876-2883.
[80] 张佳文．基于 GIS 的岩溶区地下水污染预警研究 [D]. 吉林：吉林大学，2018.
[81] 张雪刚，毛媛媛，李致家，等．张集地区地下水易污性及污染风险评价 [J]. 水文地质工程地质，2009, 36(1): 51-55.